电动汽车的动力源泉

——超级电池之战

［美］史蒂夫·莱文（Steve Levine）　著
黎明一　译

机 械 工 业 出 版 社

本书讲述了在世界上最重要和最具竞争力的能源领域内——电动汽车电池——发生的有关科学专利和商业竞争的惊心动魄的故事。作者成功地捕捉到了科技竞争中戏剧性的伟大转折点。

这种超级电池的诞生将会改变世界。各个国家会因此变得清洁，大家不必太担心气候的变化，也不必过分忧虑石油的价格。更是众多车主的福祉。

那么，是什么正在阻碍着新时代的到来呢？为了探索这个秘密，美国有关部门批准史蒂夫·莱文首次前往位于美国芝加哥郊外的一家安全联邦研究中心——阿贡国家实验室，记录了一批怀揣共同梦想、来自中国、日本、韩国、巴西、芬兰、法国、德国、以色列、马来西亚、俄罗斯、新加坡、南非和英国等二十多个国家的科学家奋力执行艰巨任务的过程。这是一场战争——超级电池之战。

The Powerhouse：Inside the Invention of a Battery to Save the World /by Steve Levine/ISBN：9780670025848

北京市版权局著作权合同登记　图字：01-2016-0889 号.

图书在版编目（CIP）数据

电动汽车的动力源泉：超级电池之战/（美）史蒂夫·莱文（Steve Levine）著；黎明一译.—北京：机械工业出版社，2017.4

书名原文：The Powerhouse：Inside the Invention of a Battery to Save the World

ISBN 978-7-111-56674-8

Ⅰ.①电…　Ⅱ.①史…②黎…　Ⅲ.①电池－普及读物　Ⅳ.①TM911-49

中国版本图书馆 CIP 数据核字（2017）第 086074 号

机械工业出版社（北京市百万庄大街 22 号　邮政编码 100037）

策划编辑：孔　劲　　责任编辑：孔　劲　　责任校对：肖　琳

封面设计：张　静　　责任印制：李　昂

北京宝昌彩色印刷有限公司印刷

2017 年 7 月第 1 版第 1 次印刷

169mm×239mm·12.25 印张·241 千字

0001—2500册

标准书号：ISBN 978-7-111-56674-8

定价：79.00元

凡购本书，如有缺页、倒页、脱页，由本社发行部调换

电话服务	网络服务
服务咨询热线：010-88361066	机 工 官 网：www.cmpbook.com
读者购书热线：010-68326294	机 工 官 博：weibo.com/cmp1952
010-88379203	金 书 网：www.golden-book.com
封面无防伪标均为盗版	教育服务网：www.cmpedu.com

目 录
CONTENTS

PART 1
第 1 部分　赌注

第1章　杰夫·张伯伦的“战争”

中国科技部部长万钢先生让杰夫·张伯伦感到不安。在回北京之前，万钢部长提出要求，希望能参观两个地方——美国阿贡国家实验室（Argonne National Laboratory，ANL）以及一个邻近密歇根州底特律市的工厂。阿贡是美国联邦研究机构之一，地处伊利诺伊州芝加哥市郊。而说起那家工厂，通用汽车公司（简称通用汽车）正在那里测试全球首款新型电动汽车 Volt。张伯伦用手指不停地戳着书，念叨着万钢部长此次不仅为参观而来。他肩负使命，想要同张伯伦的专家团队有更多的交流。这个团队的科学家隶属于阿贡的电池部，由张伯伦管理。他们发明了 Volt 专用的突破性锂离子电池技术。张伯伦可以肯定，万钢部长希望借鉴阿贡的科研成果。不过，张伯伦似乎并不想分享。他表示，“战争”就此拉开序幕——这是一场“电池战”。他说得对。

2010 年夏天，万钢部长莅临阿贡，整个人精神抖擞，谦逊有礼。美国能源部一位高级官员陪同他及其随行人员坐上一辆巴士，开始参观阿贡国家实验室。万钢部长提出一连串问题，同时还分享了一些自己的所见所感。“我们正在尝试使用废料产生的废气生产氢燃料，”他介绍道，“它的成本只有汽油的一半。”他的这番话引起了在场电池研究专家的兴趣。万钢部长本人是一位材料科学家，获得过多项科技成果。一路上，他与美国同行展开了坦率的交流。他没有明确提到镍锰钴（NMC）复合物——这是阿贡发明的 Volt 汽车专用电池技术的核心。此外，他个人的发展经历也值得一提。万钢部长从小在上海周边的农村生活，家境平凡。他记得有一次饥肠辘辘，仍然开着拖拉机耕田，那是他在那个时期驾驶过的唯一一辆汽车。此后，他做过一系列研究工作，并进入德国克劳斯塔尔工业大学攻读博士学位。获得博士学位后，他加入了德国奥迪汽车公司。他首先担任奥迪的工程师，后来到奥迪位于斯图加特市的电动汽车工厂担任设计经理——这个职位颇有声望。他在奥迪工作了 11 年。有一次，他一位同济大学的导师参观这家工厂，这位导师建议万钢更多地为中国电动汽车事业的发展出力。万钢回到祖国后，国家领导人希望他制定全国电动汽车的发展规划，将中国发展成为全球第一大电动汽车制造国。2007年起，万钢任科技部部长，成为自20世纪50年代以来首位具有民主党派身份的部长。万钢部长肩负国家领导人的厚望。外界普遍认为，考虑到中国的国情，万钢部长将不辱使命，实现目标。因此，美国人在对他示好之后又感到不安。

万钢部长在参观阿贡的前一个晚上，参加了在华盛顿特区肯尼迪中心的梯台上举办的欢迎宴会。当时，他正在品尝餐前小菜——小虾，一位美国人认出他之后走到他身边。万钢部长似乎一直在等待这种偶然的交流机会。他吃完最后一口，把盘子递给助手。“我们可以到那边聊聊吗?”他手指着旁边的咖啡馆说。然后，两人聊了一些私人话题。谈到汽车时，万钢部长说自己对于各个工业国家之间正在开展一场竞赛的这种说法表示认同。这些国家都决心打造一种卓越的新型电池，以推动电动汽车的量产。大家只不过是殊途同归而已。万钢部长没有直说中国会成为赢家，但他引用了几个象征进步的数据。他表示，“首要目标是占领第一个1%的市场份额”，具体是指15万辆电动汽车在中国上路。“那样将能证明这项技术的价值。基于此，3~4年后市场份额达到10%将不是难事。”他最初的目标是销售50万辆汽车（这和巴拉克·奥巴马为美国设定的目标相近），而到2015年的目标则是100万辆。这个规模不容小觑。但是，有人认为这些数据是虚张声势。毕竟，中美两国都想通过数据来震慑竞争对手。

第二天早上，万钢部长和美方组织活动的几位同行陆续走进阿贡的一间会议室。一位名叫艾尔·沙特尔伯格的资深科学家首先开始做报告。他在两块大屏幕上播放着幻灯片。期间，万钢部长打断了他的报告。

“您在这个领域取得了非凡的成就，”他说道，“所以，今天我有很多问题想请教您。”

“正因为这样，我才紧张得冒汗呢。”沙特尔伯格回应道。

会场顿时哄堂大笑。其实，正在冒汗的大部分是美国人。阿贡拥有令人生畏的科技人才和发明成果，比如突破性NMC技术的美国专利，它实现了三个宏大的目标，包括使Volt续航里程达到40英里㊀、快速加速以及同时实现前两个目标并且不会突然着火。但是，尽管最近取得了一些成果，美国仍然远远落后于竞争对手。日本和韩国在这个领域具有十多年的制造经验，控制着全球AA、AAA等消费类电池三分之二的市场份额以及应用于智能手机的锂离子技术。因此，这两个国家享有独特的优势，即通过工厂这一试验场验证或淘汰新的技术。大多数成功的发明首先都是通过消费者反复尝试，以验证奇思怪想的可行性，然后再到工厂试验——这正是日本和韩国的做法，否则这些发明将注定被人忘却。如今，中国也采用了这种方法，中国政府颁布了一项规定，要求二十多家企业在2~3年内推出

㊀ 1英里约为1.6千米。

新款的新能源汽车。在这个规定的指引下，比亚迪、奇瑞和吉利等中国的汽车制造商纷纷推出试验型电动汽车。未来，中国计划生产100万辆电动汽车，并且正在尽力实现这个目标。这种做法让美国等竞争对手相形见绌。中国的领导人取得了很多类似的成就。杰夫·张伯伦对此感到惴惴不安。

第 2 章　万钢部长参观阿贡

您可能会问，美国为什么会邀请万钢部长参观阿贡实验室呢？这是因为美国在该领域已经远远落后于竞争对手，这着实让人匪夷所思。美国有点像 20 世纪 70 年代的日本和 20 世纪 90 年代的中国——处在其他国家经历过的学习曲线的底端。考虑到这种现状，最明智的发展道路便是与世界上最优秀的同行合作，从万钢部长等贵宾的参观过程中搜集信息，然后群策群力，获得成功。

美国人对 2008 年和 2009 年的全球金融危机心有余悸，决心在物质，而非金融、房地产或者互联网泡沫的基石上发展一种崭新的经济。欧洲人存在类似的担忧，也决定在这个全新的前沿领域占据一席之地。在亚洲，以出口驱动发展的国家知道自己也要另辟蹊径。万钢部长从历史经验中得知，全球金融危机催生的基础型技术发现令世界各国心动。据他观察，当今能源技术领域已在发生突破性的技术变革。万钢部长持有与美国人和欧洲人相同的观点。他认为，性能强大、价格合理的电池和电动汽车必将引领下一次经济大繁荣。他介绍说，人们低估了电池技术的价值——中国已经在推动电子设备方面的革新，而且正在准备将这项技术应用到更多的领域。

一些人的关注焦点在于革新后的电池对地缘政治的影响。电池时代可能削弱石油市场的需求，俄罗斯、沙特阿拉伯以及石油输出国组织（OPEC）等石油大国和石油组织可能因此将减少数百亿美元的收入，进而会感到恐慌。中国则可以进一步推广电动汽车，降低汽油消耗量，减轻大气污染。总体而言，世界各国有望减少石油用量，降低对环境变化的忧虑。

这些举措背后的数据大得惊人。到 2020 年，全球每年的高级电池市场总量预计约为 250 亿美元，这相当于谷歌公司 2012 年总收入的一半㊀。如果未来每桶石

㊀《电动汽车专用电池：挑战、机遇与 2020 年展望》（*Batteries for Electric Cars*：*Challenges*，*Oppotunities and Outlook to 2020*），波士顿咨询公司，第 8 页。

油的价格接近或达到三位数，则越来越多的车主将放弃汽油车，那么全球高级电池市场可能翻一番。到2020年，由电池驱动的混合动力汽车和纯电动汽车的销量有望达到780亿美元[一]。如果大型电池可以储存风机和太阳能电池板产生的电能，那么该销售额每年可能增加几百亿美元。

当然，这些数据只是针对下一个十年。业界普遍认为，2020年以后，新产业将会迅速扩张，达到现在埃克森美孚、通用电气和丰田汽车的规模，这些为数不多的高价值企业将能够推动未来经济的蓬勃发展。到2030年，高级电池企业可能演变成一个年产值达1000亿美元的行业，而整个电动汽车行业将由几家年销售额达1000亿美元的大型企业组成[一]。

如果想为这种乐观预期寻找理由，不妨听听主流的预测——到2020年，混合动力汽车和纯电动汽车将占到全球汽车产量的13%～15%；10～20年后，这个比例将提高到50%左右[二]。此前，笔记本电脑、移动电话这两类畅销的消费品分别延续了长达20年和30年的销售周期。所以，上述预测似乎有一定的道理。

无论这些数据的计算过程多么谨慎细致，总的数值仍然令人感到不可思议，因为谁都无法为尚未诞生的产品精确预测市场需求。不过，包括日本、韩国、巴西、芬兰、法国、德国、以色列、马来西亚、俄罗斯、新加坡、南非、英国以及美国和中国在内的全球大多数工业化国家的领导人都认为这是一场竞赛，而现实的确如此。借用法国政府一位部长的话说，这是“一场电动汽车的战役”。[三]

中国在追求自身的发展目标方面，以立足稳健和着眼全局著称，对于这场竞赛也不例外。然而，阿贡国家实验室的人认为中国还不算是一个威胁很大的对手。20年来，日本企业一直是全球锂离子电池制造领域的领导者，拥有全球锂离子电池市场43%的占有率。韩国企业则占有23%的份额。美国在一些人（并不太多）眼里不算是竞争对手。理论上讲，锂离子电池目前的性能还有提高1倍左右的空间，而美国在该领域不仅拥有资深的科学家，还有巨大的市场，因此，它可以发挥很大的潜能。

阿贡实验室的一位高级科学家表示，当万钢部长参观实验室时，他猜测他们的心理，“我们如何从这次参观中受益呢?”实验室的管理人员特别留意万钢部长可能透露的只言片语，而他们除了表现得极其彬彬有礼，并无过多表示。比如，张伯伦在发表讲话时提到，一批德国、日本、韩国企业——巴斯夫、松下、三星、

[一] 根据2010年7月8日对IDTechEx董事会主席皮特·哈拉普的访谈。

[二] 13%～15%，HIS Global Insight，于2012年1月22日摘自Edmunds. com；50%，根据作者2011年8月3日与拉尔夫·布罗德的访谈。如果将2020年的百分比转换为销售数据，每年的汽车销售量约为750万辆。按照每辆汽车平均售价30000美元计算，行业年产值为2250亿美元，相当于全球最大汽车制造商丰田汽车2012年的总销售额。如果计算准确的话，2030年该预测值将翻两倍多。

[三] 法国生态部长让-路易斯·波尔路，由法新社引用，2009年10月2日。

LG 化学——正在用 NMC 重新设计各自的电池。这些企业从其电池中获得的能量是中国电池制造商从其钟爱的锂铁磷复合物中所获能量的两倍。张伯伦可以肯定的是，万钢部长已经知道这点，所以这个评论显得非常坦诚。如果万钢部长觉得这是在挖苦中国的战略，他会流露出相应的表情，但事实上并没有。他非常重视这次阿贡之行，全神贯注地聆听实验室的历史介绍，认真了解实验室的重要科研成果。

第 3 章　科研圣地

虽然风险投资家和美国硅谷的一些巨头不把美国政府主导的科研项目放在眼里，但是他们对于美国能源部下属的 17 个国家实验室却刮目相看。阿贡国家实验室因为独特的历史尤其受到尊崇。早在 1942 年，诺贝尔物理学奖获得者恩里科·费米来到芝加哥市，当时曼哈顿计划正式启动。费米在芝加哥大学斯塔格-菲尔德足球场的地下室建立了一个临时实验室，他把这个实验室称为“Met Lab”，即“冶金实验室”。他和合作伙伴对此高度保密，就连他们的妻子都不知道这个实验室的重大突破——费米带领这个小组实现了世界上第一个可控铀核裂变的自持链式反应，开启了人类的原子能时代。他们以密码的形式向项目主管披露了唯一的信息：“意大利领航员刚刚登陆新世界。”

“当地人对他们友好吗？”主管按计划答复道。

“大家安全登陆，欣喜无比。”㊀

此后，费米来到位于新墨西哥州的洛斯阿拉莫斯，帮助美国创建全球第一批原子弹，而冶金实验室在其他人的领导下继续运转。

89 岁高龄的迪特尔·格伦差不多从斯塔格-菲尔德时代起就加入阿贡国家实验室了。掐指算来，他已在阿贡工作了 60 年。“那是格林·西博格，”他指着办公室里一幅镶框的照片说。西博格是 1951 年的诺贝尔化学奖得主，他带领的团队首次合成了钚元素。格伦身材矮小，穿一件人字斜纹的丝绸夹克。14 岁时，格伦和哥哥从当时的纳粹德国逃到了美国。格伦先是在阿肯色州小石城上中学，然后在位于伊利诺伊州的西北大学攻读物理学专业。1944 年，获得学士学位的他来到斯塔格-菲尔德。当时，他只有 21 岁。第二次世界大战正处于关键阶段，盟军不久前在法国北部登陆。“曼哈顿计划”急需像他这样的年轻人。格伦很快就被派往田纳西州的橡树岭国家实验室，在那里参与制造铀 235，以保障洛斯阿拉莫斯原子弹研制

㊀ 亚瑟·康普顿，《原子探索》(*Atomic Quest*)（牛津，1956 年），第 144 页。

人员的需求。

根据格伦的估计，橡树岭大概有3万人。这个小镇几乎是为这个实验室而兴建的。这里正在大兴土木，到处都是尘土飞扬。格伦住在一个名为54号西村的营房。实验室为生产铀235专门设计了大型的铀同位素分离器。之所以选在橡树岭建立国家实验室，是因为这里邻近诺里斯坝。这座大坝是富兰克林·德拉诺·罗斯福（FDR）在签署田纳西河流域管理局法案后实施的第一个重大项目。诺里斯坝可为铀同位素分离器提供所需的大量电力。

18个月过后，美国在日本的广岛和长崎投掷了原子弹，不久之后第二次世界大战结束。橡树岭国家实验室的研发工作逐渐减少。格伦回到了斯塔格-菲尔德，开始在芝加哥大学攻读研究生。这时，冶金实验室已经被评为美国第一个国家实验室，他有很多事情要做。事实上，科研活动非常繁忙，同时大家也都觉得空间变得很局促。于是实验室派遣专人到处寻找新“家”。他们最终选择了塔尔格-伍德，这个面积约为200英亩㊀的岬角地处橡树岭西南部24英里，位于66号公路沿线。

1936年，发明了无衣热狗的香肠大王埃文·弗罗因德用《爱丽丝梦游仙境》的塔尔格-伍德森林给自己的庄园命名。弗罗因德的性格非常古怪，生活上极其奢华。他把刘易斯·卡罗尔笔下的特威帝、特威丹等角色的彩色雕刻品摆放在庄园中的树皮小径两旁。他不仅把两只黑猩猩以及12只绵羊和孔雀当宠物养着，还将几只冠军拳师狗养在一个装有空调的狗窝里。为了在夏天划船，在冬天溜冰，他特地挖了几个小湖，湖边布满了石灰石。有位做服装生意的朋友给弗罗因德送了7只黇鹿，他欣然领养了。黇鹿的拉丁学名是Dama dama，出生时皮毛呈棕褐色，成年后变成全白色。

在得知冶金实验室的选址人员准备把塔尔格-伍德作为实验室的新家后，弗罗因德开始奋力反抗。他决定采取“一切可能和必要的手段来阻止外人侵占自己的领地”。㊁政府的意思是购买这块土地，而不是所谓的侵占。不过，弗罗因德仍然竭力捍卫自己的领地。这场纷争持续了一年，直到1947年弗罗因德因心脏病发作而意外去世，美国联邦政府才得以继续实施这个征地计划。

拳师狗搬家很方便，但黇鹿必须转移到野生动物公园。有几只怎么也抓不到，只能留下来放养了。后来，科学家们发现鹿群的数量开始增加，“有时在晨雾中可以瞥见它们在树林里漫游，夜晚下雨时发现它们蹲在小土墩上，或者晚上开车时透过前灯能看到它们站在路旁。”㊂这俨然成了弗罗因德留下的一道独特风景。

㊀ 1英亩约为4046.9平方米。

㊁ 杰克·M·霍尔，《阿贡国家实验室》（*Argonne National Laboratory*），1946-1996（伊利诺伊州大学，1997年），第56页。

㊂ 杰克·M·霍尔，《阿贡国家实验室》（*Argonne National Laboratory*），1946-1996（伊利诺伊州大学，1997年），第430页。

冶金实验室该给这个新家取个什么名字呢？有人建议用“费米实验室”这个名称，但这种命名方式一般是想纪念逝者的，而费米还健在，显然不太妥当。最终，新家以当地一个叫“阿贡”的小镇来命名。

政府又为实验室征用了周边一些农田。现在阿贡占地面积达到了4100英亩。工人们种植了大约100万棵松树苗，这些树苗长大后给不断增多的黇鹿营造了一个广阔的家园。阿贡看起来仍然很像是军事基地，到处都是活动房屋一样的办公大楼。20世纪50年代，实验室新建了一些红砖建筑。这些新房不用文字命名，而用数字命名。1951年，205号大楼建成。这幢两层建筑物后来成为阿贡国家实验室电池部的办公楼。

阿贡的许多科学家每天从芝加哥市坐班车到实验室，车票是35美分。因为实验室的人员几乎都住在市区，所以实验室专门为他们提供了这项班车服务。由于海德公园社区里的很多居民都在阿贡工作，一些人把它称为“小阿贡”。班车从市区到实验室需要90分钟的时间，途径多条布满工厂、仓库和铁路站场的街道，最后进入一片开阔的农田。虽然路程看起来很长，但驾驶人是一位业余的口技爱好者，一路上都会为大家表演拿手好戏。有一次，大家上车时，他表演了一位在人群后面大喊着赶过来坐车的乘客，让所有人大吃一惊。不过，越来越多的科学家离开市区，选择在奥罗拉、内珀维尔、道纳斯格罗夫等新兴的市郊城镇安家，因此阿贡后来中断了这项班车服务。这些社区可追溯到19世纪30年代，它们通常都不欢迎新来的住户，所以在入住这些社区前要请阿贡的领导打声招呼。最终，大多数科学家都被当地居民所接纳，一些人还受到热烈欢迎。当时的化学品技术部门主管斯蒂芬·罗洛斯基就属于后一种情况。他被“高贵的”内珀维尔居民尊称为“教授”，还定期受邀和当地权贵一起参加在市中心一家杂货店举行的早餐俱乐部活动。

1951年，迪特尔·格伦获得博士学位。当时，像他这种学术背景的学生毕业后有多种选择。美国产业界正在开展基础性研究。他参加了AT&T旗下贝尔实验室的面试，还听说通用电气、福特汽车和通用汽车相关的职位都在招人。一些大学也在招聘教授和基础研究人员。不过，格伦对阿贡情有独钟，因为他在这个实验室已经小有名气，而且也为能在这里工作感到自豪。那时，阿贡已经成为全球顶尖的研究机构之一。实验主义者既可随意从华盛顿获得财政资助，还能自由选择自己感兴趣的课题进行研究。格伦接受了第1989号徽章，搬进了205号楼的一间办公室。

起初，格伦被派到海曼·里科弗舰长领导的核潜艇建造团队。他的任务是找到从锆中去除铪的方法。铀锆合金可用作核潜艇的燃料。这里的制度非常严格，几乎一切事务都是绝密等级，因为阿贡的首要功能便是研发敏感的核技术。格伦感觉到了潜在的危险。所有科学家都要穿黄色的特制鞋，定期提交尿液样本，这两项措施都是为了预防辐射污染。办公大楼周围是一排2.4米高的栅栏，大楼的唯一入口设有哨卡。每个办公室都放了一个红色的废纸篓，上面的标签写着4个大写字母：BURN（阅后即焚）。作废的机密论文必须在这个废纸篓里焚烧掉。不过，只有专门的处理人员才有权焚烧这些文件，废纸篓上的4个大写字母就是给他们看的。但是，至少有过一次例外：一位科学家对这个标签理解有误，直接把废纸篓给烧了，结果浓烟飘到了走廊。

有200多人在205号楼办公。大部分人的年龄都是二三十岁，女性雇员主要是秘书，许多雇员还是单身。午餐时，男性雇员聚在一起玩几轮皮纳克尔牌，白天，他们在走廊上组成不同的咖啡小组。到周末，科学家们会互相串门，渐渐熟悉后有些人就成了情侣，最后结为夫妻。不过，总体而言，无论工作条件如何，阿贡的各项工作似乎都井然有序。只有必须使用空调的房间才会安装空调，所以，到了潮湿的夏天，天花板下的水管会凝聚湿气，凝结成水珠后会滴到科学家们的身上。许多科学家给他们的设备披上了保护性的塑料外衣，而他们自己却经常被淋湿。召开部门会议的时候，研究人员热得晕乎乎，常常会打瞌睡。

格伦觉得这里一点也不像橡树岭——两个地方的强度不同。毕竟，第二次世界大战已经结束。如果撇开正在开展的危险性和机密性项目不谈，阿贡国家实验室看起来很平常。现在科学家们都是朝九晚五地上班。1956年，格伦和妻子搬到了距离阿贡半小时车程的道纳斯格罗夫，那里成了第二个“小阿贡”。他们的一个孩子吐槽说：“我们觉得，除了在阿贡工作的人，没有谁会住在道纳斯格罗夫。”

当然，格伦也发现了大学时期的朋友对他的嫉妒，因为他有机会使用罕见的高级设备。如果一个人才华横溢并且选择在阿贡发展，这将是一个明智之举。格伦正是这样，他是团队里最年轻的高级科学家，拥有自己的研究小组。

第 4 章 “失望和疲惫的眼神”

20 世纪 60 年代，美国出现了一些动荡不安的迹象，这似乎也波及了阿贡国家实验室。

一些人的核研究项目遭到非议，科研预算也被削减，于是大家猜测阿贡的生存正在受到威胁。不久，实验室主任发现科学家们流露出“失望和疲惫的眼神”。这位主任回想起自己几年前在埃克森研究实验室的经历，认为这种沮丧主要不是源于美国的政治影响，而是阿贡自身的氛围——如果科学家们眼前都是一流的设施，他们更有可能做出一流的成绩。他向妻子寻求帮助。很快，她就安排工人给 205 号楼贴上新的瓷砖，涂上新的油漆。他们在公共区域增加了灯光，并且给已经略显苍白的绿色办公室换上了粉红色、金色、蓝色的新装。最终，大楼焕然一新，办公室展现出良好的整体效果，环境给人感觉更加温和，爵士和布鲁斯演唱会系列的设计更是锦上添花。

一位研究人员将一把装有子弹的大口径短口手枪带到了实验室。他解释说，自己刚去附近一个危险的地区上完课，手枪是当时防身用的。他在更衣时手枪不慎走火，导致自己受伤，随后又被解雇了。他所在科室的主管警示道：“以后千万别再在更衣室里玩枪。”在一年一度的火鸡抽奖活动中，桑迪·普雷托——在附近一家俱乐部兼职跳肚皮舞的实验室研究人员——现场表演肚皮舞，“艳惊四座”。㊀

尽管如此，实验室的危险仍然无法忽视。一天，新来的科学家保罗·尼尔森给一位资深研究人员做助手，后者正在加热和冷冻与零点几克的钚混合的熔融锌。为了安全起见，两人都戴着面罩，但是混合物意外溢出，直接把一块滚烫的不锈

㊀ 关于实验室的说明和引用摘自于罗伯特·K·施陶芬贝格和乐思利·布利斯，《试管到中试工厂：阿贡国家实验室化学技术部50 载发展史》(*From Test Tube to Pilot Plant: A 50-Year History of the Chemical Technology Division at Argonne National Laboratory*)(阿贡国家实验室，2000 年)，第 89-160 页。

钢板烧穿了。尼尔森“想起了儿女，决定辞去这份工作。”同事因为他遇到一次无害的燃烧事故就临阵退缩而取笑他。几年后，一次铀和氧化钚的实验发生爆炸，一间实验室的玻璃窗被炸穿，混凝土墙上鼓起了一大块，放射性物质开始辐射，这次他们就不再那么坦然了。㊀调查发现，研究人员不小心把安全仪器装反了，导致氢气和氧气积聚。负责清洗的工作人员不得不清除污染物质，而研究人员还被隔离观察了一段时间。

当然，有些东西并没有发生改变。有一次，尼尔森从窗户往外望，竟然看到了83只白鹿。不过，阿贡正在“衰老”。20世纪70年代，一位前任高级经理坦言，阿贡国家实验室“并不具有‘地中海俱乐部’那种让人产生浪漫关系的氛围。”㊁当研究人员情绪高涨的时候，他们似乎会让各门学科之间互相较量。工程师将化学家称为“药剂师”，化学家则将工程师称为“管道工”。物理学家同样会贬低材料科学家，却将自己誉为“科学大世界里成就大事业的人才”。与那些坚持每天下午6点回家吃晚饭的储能科学家不同，物理学家为了修理设备（比如一台出现故障的粒子加速器），通常是通宵达旦，牺牲周末，甚至连假期也要坚守岗位。㊂

物理学家说得对，阿贡的电池研究人员一般都不是那种坚持不懈的人。

在18世纪和19世纪的大部分时间里，电池和电池储存的电能在诗人、哲学家和科学家眼里几乎像是一种高深莫测的力量。那些在该领域做出突破性贡献的人备受尊崇。1799年，意大利物理学家亚历桑德罗·伏特发明了电池，开启了电力时代。这个伟大创举源于他和本国的物理学家路易吉·伽尔瓦尼之间的一场争论。伽尔瓦尼认为，青蛙的体内带电。伏特则推断说，伽尔瓦尼观察到的电流源自于实验所用的金属，而不是青蛙本身。伏特在做实验反驳伽尔瓦尼的观点时创造了电池。同时代的本杰明·富兰克林用玻璃窗、铅板和电线制作了一种简易的发电设备，并首次将其称为“电池”。不过，富兰克林制造的只是名义上的电池，伏特的发明才是真正的蓄电装置。根据伏特的发明，科学家们继续把电池与尸体相连，验证电流是否能够让尸体起死回生。许多人更想知道电能否治愈癌症，它是不是生命的起源。如果灵魂是电脉冲，那该怎么办？

我们如何制造电池呢？首先要准备两个叫作“电极”的部件，一个是正极，另一个是负极。电池释放电能（“放电”）时，带正电荷的锂原子（“离子”）会从负极穿梭到正极，这种电池称为锂离子电池。但是，离子需要一种助推剂才能到达正极，这种物质叫作电解液。如果我们将放电的过程反过来，即迫使离子返回到负极，这时电池就是在充电。如果电池里的离子能够反复穿梭于正负两极之间，

㊀ 关于实验室的说明和引用摘自于罗伯特·K·施陶芬贝格和乐思利·布利斯，《试管到中试工厂：阿贡国家实验室化学技术部50载发展史》(*From Test Tube to Pilot Plant: A 50-Year History of the Chemical Technology Division at Argonne National Laboratory*)（阿贡国家实验室，2000年），第89-160页。

我们可以将这个电池称为充电电池。不过，只有特定的电池才具有可反复充电的性能。

电池的零部件特别少，结构非常简单，这既有助于科学家们改进伏特的创造，也阻碍了他们取得进展。他们只能反复琢磨正极、负极和电解液，当然还可以从元素周期表上选取各种合适的元素进行设计。这是一把“双刃剑”：他们无法绕过这三种部件，而且只有这三种部件才是电池的真正魅力所在。1859 年，法国物理学家加斯顿·普兰特发明了可充电铅酸电池。这种电池放电时，正负电极与一种硫酸电解液发生反应，产生硫酸铅和电流。不过，普兰特的发明可以追溯到伏特的电池设计——伏特电堆，前者将金属板上下堆积起来，而后者将金属板并排堆放。1980 年上市的“劲量”（Energizer）电池是普兰特发明的“近亲”。虽然过了 100 多年，基础科学始终如初，未曾改变。

20 世纪早期，使用铅酸电池驱动的电动汽车在性能上似乎胜过内燃机驱动的汽车。内燃机用汽油作为燃料，经过进气、压缩、燃烧、膨胀等过程，将热能转换为机械能。此后出现了一系列发明，比如电动点火器（取代了笨拙的手动曲柄），给内燃机带来了新的优势。随后 40 年里，很少有人提出不同的想法。

1966 年，福特汽车公司（简称福特汽车）试图重新推出电动汽车。它发布了一种使用液态电极和固态电解液的电池，这与普兰特的配置恰恰相反。这是一种全新的思维方式，两个电极分别是熔硫电极和熔钠电极，重量更轻，同样的空间储存电能的容量高出铅酸电池 15 倍。

当然，福特汽车的电池也有一些缺点。它只能在 300℃左右的条件下运行，不适合在室温环境中使用。相比而言，内燃机的最佳运行温度是 90℃左右。如果发动机舱盖下的熔融金属更热、更容易爆炸，那么驾驶这样的汽车会很危险。就现实情况而言，这种电池的实际用途可能仅限于静态的储存设施，比如发电站。然而，福特汽车和公众最初都将谨慎态度置于脑后。在 20 世纪 60 年代的美国，消费者突然意识到烟雾正在吞没每一座城市，因此福特汽车承诺生产清洁的电动汽车后，吊足了消费者的胃口。

据美国月刊杂志《大众科学》（*Popular Science*）报道，福特汽车的铅酸电池电动汽车在最初阶段能以最高每小时 40 英里的速度行驶 40 英里。福特汽车表示，由新型硫钠电池驱动的电动汽车能以高速公路的时速行驶 200 英里。充电 1 小时后，汽车可以继续行驶 200 英里。与《大众科学》这位男性记者同行的另外两位记者并不是很在意福特汽车的声明，其中一位记者在《大众科学》记者的不远处说道，电动汽车“根本不可能”投入使用。

《大众科学》的记者接着写道：“两人走出门，坐上各自的汽车，发动汽车，呼啸而去，留下两条由未燃烧的碳氢化合物、一氧化碳等其他污染物质组成的烟带，给底特律市日益恶化的大气环境增添了一抹黑色。”那位记者的话是个很好的玩笑。不过，他说错了。如果人们渴望一项发明，它就会应运而生。不经过剧烈的变革，美国的城市最终将变得不再宜居。电动汽车有望遏制有毒气体的扩散趋势。虽然电动汽车的具体细节还没确定，但它一定会走进我们的生活。而且我们不用等太久。[㊀]

就像是在推崇商业发明的19世纪一样，人们连续几年都对福特汽车这项突破性的成就兴奋不已。全世界的科研人员尽力追赶，甚至希望超越福特汽车。这好比阿贡希望成为新时代核能的最高权威一样。20世纪60年代末，一位名叫埃尔顿·凯恩斯的电化学家担任阿贡国家实验室新成立的研究机构的领导——电池部部长。凯恩斯雄心勃勃，启动了一项类似于福特汽车的高温电池的综合研究。有人提议研究一种使用磷酸燃料电池的混合动力巴士，它的电池由甲烷驱动。于是，研究人员对这种巴士进行了检验。这位部门主管欢迎各种建议，他坚持的唯一原则是任何发明都必须以快速推向市场为目标。为确保做到这点，他邀请多家企业将它们的科学家送到阿贡工作几个月至一年的时间，许多企业果然照办了。

约翰·古迪纳夫教授是麻省理工学院（MIT）的一位科学家。他说，一切都在突然之间发生了改变。电池不再那么枯燥无味。古迪纳夫将这种热情归结为三个方面的原因：1973年阿拉伯国家的石油禁运，对全球石油正在消耗殆尽的普遍认识以及大西洋两岸取得了令人兴奋的科研成果。斯坦福大学的博士后助理斯坦·威廷汉姆发现，他能在室温条件下，以电化学方式将锂原子从一极转移到另一极，而且不会对两极造成太大的损害。这种思路与福特汽车的研究方向相反。威廷汉姆借用化学中的嵌入概念来解释这个使电池具有可充电能力的过程，产生了很大的反响。石油巨头埃克森公司向威廷汉姆抛出了橄榄枝，薪水十分诱人。埃克森公司一直希望与贝尔实验室竞争，后者“被视为能源行业的专属实验室”。[㊁]他接受了埃克森的邀请，开始着手利用自己的研究成果制造电池。

威廷汉姆对可锻造的银白色锂材料非常感兴趣，因为它是元素周期表上最轻的金属。不过，由于锂会和空气发生反应，并在某些情况下引起火灾，因此，科学家们只会在实验室的特殊环境中处理纯锂金属，在实验室环境下，空气中的所有水分都被去除。威廷汉姆只有将锂和另外一种金属融合为一种合金，才能让锂金属发挥作用。实际上，他的确做到了这点，成功地生成了锂铝合金，制造出一种体积小、功能强的阳极。1977年，埃克森公司将威廷汉姆发明的装置作为促销产品推向市场，这种硬币大小的电池正好可以放在太阳能手表里。然而，在埃克

㊀ C. P. 吉尔莫，《电动汽车……已经上路!》（*Electric Autos... They're on the Way!*），《大众科学》，1966年12月刊，第76页。

㊁ 斯坦利·威廷汉姆与SUNY宾汉姆顿的访谈，2000年10月30日，http://authors.library.caltech.edu/5456/1/hrst.mit.edu/hrs/materials/public/Whittingham_interview.htm.

森的实验室里，威廷汉姆在尝试扩大电池的尺寸时，电池总是会着火。尽管他在合金中增加了铝的成分，但锂金属还是过于活泼。

此时，MIT 的科学家古迪纳夫教授开始超越福特汽车、阿贡国家实验室和威廷汉姆的成就。他在实验获得成功后，将可以亲自主导或参与现代电池领域的大多数重大发明项目。

第 5 章　古迪纳夫教授

约翰·古迪纳夫在康涅狄格州纽黑文市附近长大，他的父亲埃文在耶鲁大学教宗教史。根据他的回忆，父母亲之间的关系“就像是一场灾难”，两人产生矛盾后对子女也开始疏远，古迪纳夫和母亲海伦更是“从未融洽相处过”。约翰在 12 岁时和哥哥沃尔特获得格罗顿学校的奖学金后被送到该校寄读。此后，他就很少得到父母亲的消息。约翰长大成年后，仅仅收到过母亲的一封信。古迪纳夫在自费出版的一本小传记里提到了许多影响他的人物：兄妹、一只叫马可的小狗、一位女佣以及老邻居。但是，他在这方面显然忽略了他的父母亲，对他们只字未提。于他而言，他们只是生身父母而已。

从这位热情、风趣、自信的年轻人身上，我们很难想到他的童年经历。古迪纳夫患上了诵读困难症，当时的医学界对这种病知之甚少，无法治疗。他在格罗顿学校不会阅读，上课听不懂，在教堂里也跟不上节拍。他的爱好是探索大自然：森林、动物和植物。后来，天遂人意，他考上了耶鲁大学，攻读数学专业，并以最优异的成绩毕业。然后，他又因一次偶然事件投身到科学领域：第二次世界大战结束后，24 岁的古迪纳夫当时在葡萄牙海岸的亚速尔群岛担任陆军上尉，一天他突然接到一封电传，命令他回到华盛顿特区——教育部门偶然发现还有一笔预算经费没有用完，于是计划用这些经费资助 21 名退役的陆军军官接受物理学和数学专业的研究生教育。古迪纳夫在大学本科阶段几乎没有接触过科学知识，但是不知道什么原因，耶鲁大学的一位数学教授把他的名字加到了这份名单里。就这样，他来到芝加哥大学，在爱德华·特勒、恩里科·费米等教授的指导下就读物理学专业。古迪纳夫准备学习本科阶段的初级课程，以便弥补和其他同学的差距。报名时，一位教授对他说，“我真看不懂你们这些退伍老兵。你们难道不知道吗？任何人要想在物理学领域建功立业，到你们这个年纪早已功成名就了。”

结果，古迪纳夫在物理学方面表现出不俗的才能。1952 年，他获得博士学位，之后到 MIT 的林肯实验室工作。这个实验室是 1951 年在美国空军的资助下创建的，旨在制造美国第一个空中防御系统。按照计划，他的团队需要发明一种计算机存储系统。该系统是规划的防空系统当中的关键部件之一，后来被称为“SAGE”。当时，计算机由大量的真空管组成，用古迪纳夫的话来说，其体积大到可以占满“一个大型舞厅的空间”，而且存储的速度还慢得出奇。[㊀]一些人认为，这个团队所使用的陶瓷材料存在物理限制，所以这是一个不可能完成的任务。3 年过后，林肯实验室公布了一项名为“64×64 位磁性存储”的发明，这个科研成果不仅有助于完成 SAGE 的发明，还为此后的计算机存储系统奠定了基石。古迪纳夫的多项科研成果接踵而至，其中包括“古迪纳夫-金森法则”。该法则为研究金属氧化物质在原子级的活动方式提供了指导标准，而原子是未来计算机的又一大组成元素。

此时美国政府开始干预——参议员麦克·曼斯菲尔德推行了一项法案，要求美国空军资助的任何研究项目都必须向美国空军提交申请。当时，古迪纳夫正在专注于为 OPEC 主导的能源危机寻找科学的解决方案，这次危机似乎成了美国面临的最大挑战。然而，他被迫放弃这个计划，转而开展其他项目，因为按照《曼斯菲尔德法案》的规定，这个计划不在美国空军的权限范围内，而是属于国家实验室的职责。

对于古迪纳夫而言，是时候换个环境了。一位朋友从大西洋彼岸给他带来了一个好消息：牛津大学需要一名教授指导和管理学校的无机化学实验室。古迪纳夫不是化学家，而且只修过两门大学里的化学课程，所以获得这个工作机会令他感到惊讶。这是他第二次承担一份自己“不能胜任”的职位，当然“不能胜任”只是名义上的说法。

古迪纳夫教授非常严格。据他在牛津大学最初任教时的一位女学生回忆，教授的一门物理课起初有 165 位学生。第一次课上古迪纳夫就很严厉，第二次课只有 8 位学生听课，她是其中一位。[㊁]古迪纳夫在实验室里同样非常严格。离开 MIT 后，他开始寻求在固态化学领域取得重大突破，这个领域以创造多种商用材料而闻名。在古迪纳夫追赶的对象清单上，第一个便是斯坦·威廷汉姆最近发表的锂电池研究成果。

60 年来，碳锌一直是消费电子产品的标准电池化学材料，而氧化铅用于小型电子产品过于笨重，早已被碳锌所取代。威廷汉姆的构想比碳锌又前进了一步，不仅动力更强，而且重量更轻，能为磁带录音机等便携式消费电子产品提供电力。前提是这个构想能够变成现实。然而，基础物理学成了“拦路虎”。电化学反应既能让锂电池正常运行，也使得锂电池存在爆炸的危险：电压可能失去控制，单体电芯可能着火，然后整个电池突然就喷出火焰。不过，如果你想稳妥一点，改用

㊀ 约翰·B·古迪纳夫，《见证恩典》（Publish America 公司，2008 年）。

㊁ 克莱尔·格雷，在巴塞罗那的演讲，2013 年 3 月 10 日。

其他元素，你会发现别的元件在反复充电、放电后会慢慢分解，结果好不到哪里去。

古迪纳夫希望创造一种比威廷汉姆的构想更加强大的电池。他说，发明的要点在于转变思维模式，许多科学家要么拒绝这么做，要么做不到这点。埃克森公司旗下的这位科学家发明的电池以一种硫化物电极为基础；古迪纳夫将目光转向另一类化合物——金属氧化物，即氧气和各种金属元素的化合物。按照他的判断，氧化物充电和放电的电压比威廷汉姆的发明更高，因此有望产生更多的能量。但是，这种思路也遇到了如何嵌入足量锂的问题，锂嵌入可以产生电子——将锂离子从一个由金属氧化物制成的阴极吸走，使其在电极之间进行穿梭运动。穿梭的锂离子越多，电池产生的能量就越多。然而，我们无法吸走所有的锂离子，这似乎是一个公理，因为锂离子全部被吸走后，阴极基本上会被掏空，然后完全分解。所以，是否有氧化物能够承受这种苛刻的条件呢？如果有，是哪一种氧化物？被吸走的锂离子又具有怎样神奇的百分比？

古迪纳夫指导两位博士后助理如何有条不紊地试验包含一组氧化物的结构；他让他们确定锂离子从氧化物中脱出所需的电压。他预计这个压力可能比威廷汉姆所用的 2.2 伏高出很多。他还要求这两位助理查明多少锂离子可以在原子结构分解之前从中嵌入和脱出。他们的答案是一半——当电压达到 4 伏时，大约 50% 的锂离子可以在分解之前从阴极脱出，这对于制造一个动力强劲的可充电电池已经足够了。两位博士后发现，在他们测试的氧化物之中，钴是最适合的，也是最稳定的。

在抵达牛津大学 4 年后，即 1980 年，古迪纳夫制备出了锂钴氧化物㊀，这项突破性成果比福特汽车的钠硫结构更为重要。作为第一个锂离子正电极，它具备驱动紧凑型设备和更大设备的能力，这种特性大大超越了市场上的同类产品。不仅如此，古迪纳夫的发明超出了人们的想象力：它迎来了现代移动电话和笔记本电脑的时代。它还为开辟电动汽车的探索和复兴之路提供了可能性。

多年以来，古迪纳夫不断吸引各种人才加入实验室，研究人员喜欢和他一起共事，度过职业发展的黄金阶段。古迪纳夫自己并没有亲自做过任何实验，所有实验都是由他的博士后助理和研究人员完成的。古迪纳夫可能很严厉，但是他营造了雄心壮志的氛围，推动他们取得优异的成果。他还为他们的项目指点迷津。在这些研究人员当中，有一位来自南非的年轻人，1981 年加入古迪纳夫的团队，他对宝石有一个奇怪的想法。

㊀ 锂钴氧化物，也称钴酸锂，化学式为 $LiCoO_2$，是一种无机化合物，一般用作锂离子电池的正电极材料。——译者注

第 6 章　“双程马拉松选手”

“同志马拉松赛”㊀的赛道从南非夸祖鲁—纳塔尔省首府彼得马里茨堡市延伸到东部海港城市德班，内陆赛程 28 英里，海拔落差约为 3000 英尺㊁。1968 年，迈克·萨克雷第一次参加这项赛事，花了 10 小时 3 分钟跑完全程，而最慢参赛选手的限定值为 11 小时。他决定跑出更好的成绩，于是再次参赛。后来一发不可收拾。1976 年，萨克雷第 14 次参加“同志马拉松”比赛，以 6 小时 32 分的成绩位居第四名。坚持不懈的他终于如愿以偿。

除了马拉松选手的身份，萨克雷还是阿贡国家实验室 NMC 技术的首席发明家。这项技术是古迪纳夫教授开拓的锂钴氧化物正电极的“嫡系”，它让万钢部长赞不绝口。萨克雷的办公室位于电池部的主楼内，与他的上司张伯伦相隔两间办公室。205 号楼长长的走廊铺满了油毡，加上暗绿色的砖墙，让人隐约有一种 20 世纪 50 年代的感觉。咖啡机上贴着一个手写的字条，提醒大家每喝一杯留下 30 美分。

萨克雷办公室的墙上悬挂了两幅画像，一幅是 1861 年创作的 19 世纪英国物理学家迈克尔·法拉第的刻版画，另一幅是英国天文学家威廉·赫歇尔的画像，后者在 1781 年发现了天王星。两幅画像是萨克雷年轻时在南非收到的礼物。故乡经常让他魂牵梦萦，赋予他很多灵感。他常常说，很少有人知道南非在 40 年前曾一度是全球电池智慧的主要发源地之一。

19 世纪 70 年代末，南非比勒陀利亚市㊂，萨克雷留着乱蓬蓬的金色头发和长

㊀ “同志马拉松赛”是南非著名的超级公路马拉松赛，创始人维克·克拉彭参加过第一次世界大战。为了纪念长途跋涉的军旅生涯和牺牲的战友，克拉彭于 1919 年向南非当局申请举办“同志马拉松赛”。第一届于 1921 年 5 月 24 日举行。除了 1941—1945 年，比赛每年都在彼得马里茨堡和德班两地之间举行。——译者注

㊁ 1英尺约为 0.3 米。

㊂ 比勒陀利亚市(Pretoria) 已于 2005 年 3 月 7 日改名为茨瓦内（Tshwane），是南非的政治决策中心兼行政首都，德兰士瓦省省会。——译者注

长的鬓角，在晶体学家约翰·科泽尔的指导下攻读博士学位。有一天，科泽尔走进实验室，宣布启动一个新的项目。他们准备“在能源领域做点事情”。1973 年 10 月 6 日，以色列和它的阿拉伯邻国之间爆发了“赎罪日”战争㊀，引发了一次能源危机，西方国家纷纷寻找替代中东石油的方案。科泽尔认为，电池技术的进步是一个方案。他对萨克雷说，这是他们的工作重心。当时，南非实行种族隔离制度，世界其他一些国家以经济制裁的方式进行回应，导致这项研发工作一开始就受到了阻碍。其他国家没有人愿意和他们合作。为了避免引起国际麻烦，他们不得不秘密进行研究工作，使用代码交流。由于科泽尔和萨克雷对能源储存还一无所知，这种掩护措施似乎没有必要。但是，事实证明，他们的新鲜视角是一大优势。他们从侧面思考这个领域的问题，“没有受到其他科学家观察世界的方式的影响”（萨克雷语），对福特汽车和斯坦福大学宣布的突破性成果——高温电池形成了独特的见解。他们早期的研究成果正是南非拥有自主知识产权的熔融电池——Zebra（“斑马”）。企业随即投入资金，考虑到他们的起点较低，能取得这种成就确实令人瞩目。

在 Zebra 取得成功后，萨克雷认为这里面一定还有改进的空间，而且肯定能够超越约翰·古迪纳夫在 1980 年取得的巨大研究成果。毕竟，Zebra 和其他熔融电池的工作温度是 300℃，在汽车内部使用时存在危险。至于古迪纳夫的室温锂钴氧化物配方，确实是一个进步，不过如果用于电子设备，它的成本仍然过高。

有一种叫作“尖晶石”的矿物，其结构优点显著。这种矿物供应充足，所以价格低廉。尖晶石的三维结构酷似水晶，非常迷人。尖晶石本身很坚韧，例如，它要比古迪纳夫的锂钴氧化物电极的分层结构更坚固。古迪纳夫一直要求他的实验室助理让一半的锂离子在正负极之间运动，但是萨克雷想知道是否所有的锂离子都能嵌入和脱出尖晶石阴极。如果他能在阴极不分解的情况下实现这个目的，尖晶石的成本可能低于锂钴氧化物，潜在的动力也将远远超过后者。

萨克雷尤其对氧化铁这种尖晶石感兴趣。众所周知，氧化铁（三氧化二铁）是铁锈的主要成分，当人们把自行车长期放在户外淋雨，自行车就会生锈，产生氧化铁。但是，对于电池科学家来说，氧化铁还是一种尖晶石，具有重要的特性。在南非，萨克雷在与福特汽车研究人员相同的高温下，成功地使锂离子嵌入和脱出氧化铁。他凭直觉认为，氧化铁也可能在室温下发挥作用，这样它就能获得更大的实际用途。

当时，南非在地域和政治上都很孤立。这里的科研人员与美国和欧洲的研发中心相距遥远。尽管如此，这个国家却希望每一位有志向的年轻科学家去国外工

㊀ 10 月 6 日是犹太人的赎罪日，因此这场战争被称为“赎罪日”战争。“赎罪日”战争又称第四次中东战争、斋月战争、十月战争，于 1973 年 10 月 26 日结束。——译者注。

作一年左右。萨克雷决定用学术假期检验自己对尖晶石的设想，而且是和当时业内的领军人物——古迪纳夫共事。

萨克雷给牛津大学写信。古迪纳夫立即回信说：他没有资金支持这位年轻人，但是如果萨克雷对此不介意的话，他很乐意做一回东道主。萨克雷要在国内实验室的资金支持下去国外实践一段时间，他不需要外部的额外资助。于是，31 岁的他带着妻子和女儿启程前往英格兰，去那里担任 15 个月的博士后助理。

萨克雷徜徉在牛津大学的校园里，他环视四周，想起父亲读大学时的一些故事。萨克雷家族世代就读剑桥大学——他的父亲安德鲁·大卫·萨克雷成为了著名的天文学家；爷爷亨利·圣·约翰·萨克雷是一位基督教学者，在该校任教；当然还有威廉·梅克庇斯·萨克雷，这位著名的小说家和迈克·萨克雷父亲的四世祖是亲兄弟。萨克雷和他的兄弟都选择留在南非读大学，他感觉自己还达不到英国学术机构的水准。这种自卑不仅仅源自于牛津，还来自于古迪纳夫。萨克雷发现这位长者非常睿智，令人敬仰。古迪纳夫经常哈哈大笑，萨克雷从来没有听过像他这样轰鸣般的独特笑声。比较而言，萨克雷将自己视为一位普通的“非洲草根化学家”。

他觉得自己在这里格格不入，还有一个原因——因为当时他的祖国还实行中世纪的政治体制，他敢肯定，他在英国遇到的人虽然嘴上不说什么，但是心里一定对他和他的家人有点反感。不过，古迪纳夫倒没有认为萨克雷或他的家人应该对南非的种族制度承担个人的责任。萨克雷有自己独特的试验场：实验室。

萨克雷从比勒陀利亚带来了一批磁性氧化铁尖晶石的样品。他计划在室温条件下让锂离子嵌入和脱出这些尖晶石，从而证明氧化铁尖晶石是一种强大的新型电池材料，它的商用潜力有望超过钴的配方。

古迪纳夫没有理会萨克雷的假设，因为它违反了物理学原理——教授提醒萨克雷说，尖晶石类似于“次贵重”的宝石，就结构而言，无法将锂离子嵌入和脱出宝石。尖晶石的物理结构会阻碍这种活动，而氧化钴不会。

根据萨克雷的回忆，尽管古迪纳夫保持怀疑的态度，但他在南非时就曾在高温条件下达到了这个实验目标。现在就剩下降低温度的问题了。

古迪纳夫说：“嗯，你可以试一下。不过，你还是会想在实验室里找其他事情做的。”然后，他就去印度休假了。

两个星期后，古迪纳夫回到英国。萨克雷告诉他一个好消息：“我嵌入了锂离子。”

“什么？”

教授把萨克雷领进他的办公室，听他解释如何使用磁力搅拌器（一种搅拌化学物质的自动化设备）将锂离子和氧化铁在室温条件下混合起来。萨克雷马上观察到一个鼓舞人心的信号：氧化铁从搅拌器上掉下来，说明它已经失去了磁性。这表明尖晶石已经吸入了锂离子。当然，这个证据还不能完全证明锂离子的嵌入。

如果萨克雷要充分证明他的假设，他必须提供更多证据。然后，他对混合物进行涂片检查。他用X射线照射涂片。拍摄X射线照片时，会得到一系列波峰，而不是一个图像。这时要运用技巧，从波峰的图形中准确地推断这种混合物的结构。这种技巧依赖于X射线的衍射知识，属于晶体学的范畴。

萨克雷对涂片进行了两次X射线照射，一次在实验前，另一次在实验后。通过对比两次结果，他发现波峰的位置和相对密度都出现了明显差异。一定发生过什么事情。如果古迪纳夫说得对，锂离子无法嵌入氧化铁的结构内，那么两次X射线的图形应该一模一样。但实际上，波峰发生了显著的变化，说明锂离子已经嵌入了氧化铁。氧化铁尖晶石可以被制成锂离子电极！

事实上，正如古迪纳夫所预想的那样，尖晶石里没有为锂离子提供足够的空间。按照萨克雷的演示，尖晶石表现的“友好属性”令人意外——往其中嵌入锂离子时，铁离子会向四周扩散，为锂离子腾出空间。铁离子会留出多余的空间。尖晶石经历一次相变后，能够吸收铁，将其转化为另一种类似于岩盐的不同材料。与古迪纳夫一年前取得的突破性锂钴氧化物研究成果一样，萨克雷也设计了一种大幅提升碳锌电池能量密度的方法。古迪纳夫既惊讶，又兴奋，因为萨克雷的想法证实了一个新的原理，从成本的角度上来看，萨克雷的研究成果比他自己的成果具有更大的潜能。

然而，萨克雷还没能创造出一种实用的电池材料——一个可行的阴极，这是他的目标。古迪纳夫说，这项实验存在一个问题。他在检查数据时发现尖晶石产生了一个障碍物。氧化铁没有提供一条明确的路径，无法让足量的锂离子在充电和放电循环期间被“甩出”之前进入并“落户”于尖晶石结构中。如果这种材料要发挥真正的功效，需要的不仅仅是一个创新。

也许问题在于他们所使用的尖晶石类型。另一种，可能是氧化锰，他用$LiMn_2O_4$表示这种材料，它能清除障碍物，让锂离子顺利进入适当位置。在MIT工作时期，古迪纳夫的团队将氧化锰用于计算机记忆实验中，所以他对这种材料了如指掌。他建议萨克雷替换氧化物。锰尖晶石$LiMn_2O_4$有望为制造低廉的阴极开辟道路。

在接下来的日子里，萨克雷在实验室的图书馆里工作，为锰尖晶石的实验做好准备。在此期间，比尔·大卫——古迪纳夫新聘请的另一位研究员，加入了他们。

从某种程度上说，大卫和萨克雷两人不相上下，他们都是博士后助理，几乎同一天进入牛津工作。但是，大卫觉得自己在这位年长六岁的南非人身边就像是一个“年轻的小伙子”。原因之一是萨克雷看似谦逊的态度：他几乎不向别人透露自己到牛津的目的或者他迄今取得的成就。有一次，大卫在吃午饭时询问他是否有空一起去慢跑。然后，两人的对话几乎戛然而止。萨克雷不愿意流露出自己对跑步的兴趣；他既没有提起南非的“同志马拉松”，也没有介绍自己是南非跑步最快的业余选手之一。对于大卫而言，他对萨克雷了解得越多，越觉得萨克雷保守和神秘。

从纯粹物理学的立场上看，大卫没有受到成见的约束。和古迪纳夫一样，他觉得萨克雷的项目基本上与直觉相矛盾——它违背了所有的规则。他无法反驳 X 射线所蕴含的晶体学原理——撇开物理学不谈，萨克雷在这方面是对的。然而，古迪纳夫所提及的阻碍物仍然横亘在前面。如果不能清除阻碍物，这个实验就称不上是一个壮举。大卫心想他能够帮上忙，因为他比萨克雷更熟悉原子级的晶体学。大卫审查了 $LiMn_2O_4$ 的 X 射线图。这次实验的嵌入非常完美，为锂离子打开了进入的通道，异物也没有将尖晶石击碎。

萨克雷是对的。

他极其兴奋。一天，古迪纳夫和萨克雷在走廊上散步时说："迈克，你知道这个发明可能产生商业价值"。尽管两人都还不清楚这项发明的应用方法，但是萨克雷在给南非的主管打电话时仍旧转述了古迪纳夫的话，随即几位主管连忙赶到伦敦。他们起草了一份专利申请，在发明人那项中，萨克雷排第一位，随后是古迪纳夫，他的身份是指导研究员。专利的所有者是南非发明发展公司——南非政府位于比勒陀利亚的实验室下属的知识产权（IP）部门，而萨克雷就在这个实验室挂职。

此后，关于谁在这项尖晶石发明上承担了主要职责，萨克雷和古迪纳夫各执一词。教授说自己功劳最大，意思是萨克雷仅仅是按他的指示去做而已。萨克雷则说他把尖晶石样品带到了牛津；他还提出了发明的创意。但是，过去的美好回忆让两人最终成了互相敬重的朋友，拥有外交官风范的古迪纳夫对这个事件做了最好的总结："我认为，他单凭一己之力不可能完成这个项目，我没有他的支持也不可能获得成功。"

大卫说过，成功的科学"取决于人，取决于创意"。它还取决于渴望。在牛津这种机构里，科学家们都极其渴望抵达各自领域的巅峰，而成功似乎是水到渠成的事。古迪纳夫的实验室能让人由衷地快乐和激动。牛津正处在这个新领域的顶尖位置。

但是，科研项目离不开合作。古迪纳夫表示，"一个人不可能光坐在那儿，动动嘴皮子就够了。它需要互动，需要对他人保持开放的心态，这样我们才能获得灵感"。

然而，科研合作必须谨慎为之，古迪纳夫后来就明白了这个道理。

第7章　电池行业也有欺诈

20世纪70年代爆发能源危机后，石油价格从高位逐渐回落，电池研究的急迫性也随之消失。埃克森放弃了电力储存项目，将斯坦·威廷汉姆的锂电池专利对外授权。美国前总统罗纳德·里根取消了过去10年一直接受政府资助的能源项目，英国前首相玛格丽特·撒切尔也采取了相同的措施。

日本的情况有所不同。埃克森在1977年将威廷汉姆的锂电池用于手表后，研究人员不断设计出更大的电子产品。威廷汉姆的锂电池采用纯锂金属作为正极，所以容易起火。不过，日本研究人员吉野彰经过10年的研究，成功地将古迪纳夫的钴酸锂负极和碳正极结合起来。1991年，索尼利用吉野彰的研究成果推出一款专用于小型电子设备的锂离子电池。索尼后续推出的锂离子电池版本中使用良性石墨烯制作性能更佳的正极，因为这种石墨烯的吸收层为锂离子提供了完美的临时“栖息地”。但是，古迪纳夫的负极和碳正极或石墨烯正极组合后，整体上就实现了突破，创造了一个一夜走红的产品。小型录音设备和其他电子产品的相关行业每年的产值达到几十亿美元。全球各地开始出现仿造的锂离子电池，许多实验室也争相寻找更佳的锂离子组合方式，以缩小电池体积，储存更多能量。

尽管古迪纳夫在第一个锂离子电池的诞生过程中扮演了核心角色，但他没有拿到任何特许使用费。如果萨克雷的尖晶石发明产生了商业价值，他在南非的实验室也能从中获利。牛津大学则拒绝为古迪纳夫发明的负极申请专利，因为这所大学似乎觉得拥有知识产权没有什么好处。最后，古迪纳夫觉得至少得将他的发明推向市场，于是将这个发明的特许使用权授予英国原子能研究所（AERE）。这个实验室隶属于英国政府，位于牛津以南的哈威尔。他从来没有想象过未来的市场规模。对此，也没有人做过预测。

这不是美国电池发明家第一次遭遇商业化失败。20世纪80年代中期，美国联合碳化物公司（Union Carbide）通过旗下的Eveready和Energizer品牌控制了全球电池市场三分之一的份额。但是，1984年，联合碳化物公司位于印度中央邦博帕尔市的一家化工厂发生了氰化物泄漏，数千人中毒身亡。此后，该公司将主要业务部门出售套现。其中，电池部门卖给了罗森-普瑞纳公司。后来，这家公司认为电池的单位利润率太低，于是又将锂离子业务转让给了一家日本企业。丰田汽车公司（简称丰田汽车）在电动汽车市场的领导品牌普锐斯所使用的镍金属氢化物电池（MH-Ni，简称“镍氢电池”）也诞生于美国，它的发明者是底特律市一位名叫斯坦·奥夫辛斯基的人。1997 年，丰田汽车发布全球首款主要的混合动力车——普锐斯（Prius）后，这款电池的专利许可费就归雪佛龙旗下一家收购了奥夫辛斯基专利的子公司所有。不过，雪佛龙又将大部分利润转让给了生产最终产品的松下、丰田汽车等其他日本企业。

美国企业缺乏日本同行的远见、勇气或耐心，或者三者都缺。学习经济史的学生嘲笑日本在 20 世纪 80 年代的迅速崛起。他们说，日本的成功只是昙花一现，当前对该国崛起的恐慌反映了西方的危机感，那并不代表日本将在未来占据主导地位。但是，这种说法并不完全正确。日本人以托马斯·爱迪生为楷模，这位卓越的发明家在美国备受推崇，却鲜有效仿者。爱迪生没有任何创造新发明的指导理论，却会为了找到解决方案系统地尝试各种想法。然后，韩国和中国也借鉴了爱迪生的方法，各自在全球电子产品市场占据了重要地位。整体而言，这三个国家使美国在 40 年来的工业衰退中又增添了能量储存这个领域。因此，美国更加急于加入这场新的电池与电动汽车竞赛，希望在未来不断扩张的相关行业里占据主导地位。

发明领域随处可见一些江湖骗子和贩子，因为谁都不知道下一个风口会在哪里出现。在电池发明领域，有些人尤其喜欢夸大其词，甚至尔虞我诈：因为人们打心眼里就知道优质电池的重要意义，认为世界上应该出现更好的电池，所以他们更容易上当受骗。1883 年，爱迪生在打造自己的电子帝国时频繁受挫，于是他认为可充电电池只是个传说。他写道：

> 在我看来，储能电池是一个噱头，是一时的轰动，是上市公司欺骗公众的一种手段。储能电池能够让人浮想联翩，它是股市骗子求之不得的完美伎俩……一看到有人开始研发蓄电池组，这些骗子赶紧使出浑身解数，撒谎行骗。㊀

古迪纳夫讲过一位名叫冈田重人的日本材料科学家的故事。1993 年，冈田重人去了德克萨斯大学，在此前一年，古迪纳夫离开牛津大学到这所大学工作。冈田重人来自日本电报电话公司（NTT）。该公司是日本电信业的巨头，它向德克萨斯大学申请让冈田重人加入古迪纳夫的团队，冈田的经费由公司支付。在签订一般性的保密协议之后，古迪纳夫表示同意。他安排冈田坐在印度博士后阿卡沙亚·帕蒂旁边。

在这些研究人员的支持下，古迪纳夫加入了一个奇特的材料科学家的圈子，

㊀ 《电学家》（伦敦），1883 年 2 月 17 日，第 329 页。

他们将物理学的直觉、化学的细致与工程学的务实融为一体。他们的目标是为眼前现有的部件构建一个新的秩序。

帕蒂和冈田开始测试尖晶石的各种配方，他们要寻找的尖晶石配方在储能方面超过了萨克雷的锰尖晶石，在安全性能方面胜过了古迪纳夫自己的钴酸锂材料。首先，他们逐个替换不同的金属，以检查是否有金属达到导师的目标。他们先后试过钴、锰、钒，这三种金属都不太合适。最后，他们将这个清单精简到一种方案——铁和磷的组合。

古迪纳夫表示怀疑。他说："帕蒂，你这样是找不到尖晶石结构的。"

然后，这位老人去过他的暑假了。

好比几年前萨克雷在牛津大学的情况一样，古迪纳夫回到学校后得到消息。帕蒂说："教授说得对，我没有找到尖晶石结构。"不过，他却制造出了一种硅酸盐矿物晶体，即橄榄石。他将锂离子顺利地嵌入、抽出这种晶体结构。古迪纳夫检验后发现这个结果非常振奋人心。锂和铁磷的组合满足了他所期望的全部指标。

直到后来，古迪纳夫才得知那位日本研究人员冈田重人将帕蒂的发现透露给了他的日本雇主，这家公司紧接着就开始秘密研发这个配方。1995 年 11 月，NTT 利用帕蒂的研究方法，悄悄地申请了一项专利，然后开始游说日本的电子设备厂商，试探它们对新型的磷酸铁锂电池是否感兴趣。

直到第二年，古迪纳夫才发现冈田的诡计。他一开始还不相信。他几乎对他的博士后大喊道："帕蒂，他是个间谍，我的天啊。醒醒吧，你得在笔记本上记一些东西了。"他的意思是说帕蒂应该将科研成果记录在他的实验室记事本上；如果发生知识产权的纠纷，这个记录将发挥关键的作用。而且发生这种纠纷的可能性很大。

帕蒂对古迪纳夫说："对不起，他是我的朋友。"

随后，一场知识产权的争夺大战拉开序幕。日本人和美国人竞相发表论文，申请专利。德克萨斯大学代表古迪纳夫的实验室向 NTT 提起了案值高达 5 亿美元的诉讼。

形势不断恶化。麻省理工学院的蒋业明（音译）教授开始揣测古迪纳夫的想法，然后申请了自己的专利。蒋教授声称自己通过改进，制造了另一种新型材料，并且在此基础上创立了一家位于马萨诸塞州的公司，也就是 A123。他宣传自己将出售一种用于电动工具并且最终有望用于机动车的磷酸铁锂材料。古迪纳夫被迫进入另一个法律维权的战场，因为蒋教授的公司不断劝说一家欧洲的特别法庭撤销这位老人的专利，2008 年，该法庭果然照办了。

结果，古迪纳夫的专利变成了"免费大餐"，以至于到了 2008 年底，形势发展到了高潮：沃伦·巴菲特斥资 2.3 亿美元购买了比亚迪公司 10% 的股份。不久前，这家中国汽车制造商发布了一款由磷酸铁锂电池驱动的新型电动汽车。没人提起比亚迪这些电池的来源。不过，在蒋教授采取法律行动后，电池行业普遍认为，古迪纳夫实验室的发明可能在任何地方“开花结果”。

2009 年，A123 完成了首次公开发行（IPO）。蒋教授的魅力、麻省理工学院的声誉以及时代的发展趋势为其创造了耀眼的光环，A123 的股价首发当天上涨了50%。蒋教授的公司筹集到了 5.87 亿美元的资金，成为当年最大的 IPO。他本人和所有相关人员都获得了丰厚的奖励。古迪纳夫又一次被排除在外。

最后，德克萨斯大学和 NTT 达成了和解。NTT 向这所大学支付了 3000 万美元。另外，该公司从它的日本专利中获得的任何利润都要分给该学校一部分，这等于承认古迪纳夫的发明被侵权了。但是古迪纳夫没有得到 A123 的任何收益。他认为这个结果有失公正。德克萨斯大学聘请的律师只会吹牛，面对狡猾、奸诈的对象简直是束手无策。至于这所大学，古迪纳夫说它缺乏“战斗”的勇气。

第 8 章　制造镍锰钴

20 世纪 90 年代初期，阿贡 205 号楼的研究人员开始公开抱怨这里的管理过于压抑。美国能源部希望定制各种发明成果，同时又安排了过多的安全培训，这两个因素综合起来“导致自主性下降”。实验室不再和以前一样神秘——由于阿贡国家实验室现在开展了非常多的非核项目，它不再执行一切保密的规定了。当然，大部分工作还是保密的，因为很多基础发明仍在孕育之中，但是一般不会包含涉及国家安全的内容。科学家不必和过去一样要穿上色码鞋，防止核污染。他们可以把食物和咖啡带进办公室，而且他们的办公室还装上了空调。㊀

不过，如果要想进入阿贡或者在阿贡四周走动，还得佩戴实验室的工牌。这些工牌用一个绳子挂在每个人的脖子上。很多徽章都印有“COUNTERINTELLIGENCE（反情报）”的英文字样。徽章旁边通常是科学家年轻时候的青涩照片，所以整个工牌看起来有点不太“和谐”。张伯伦在工牌照片里像一个加州的冲浪运动员，后梳的发型略呈金黄色。其实，他的头发很早以前就开始白了。

当然，像克里斯·约翰逊这样“炫耀”自己的老照片并没有什么错。约翰逊在阿贡度过了自己的整个职业生涯。如今，他已经奔五了，身材发福，可是，以前他很瘦，还留着精心修剪的时髦小胡子。你可以想象一下这个场景：大约 15 年前，在阿贡国家实验室，一位雄心勃勃的年轻科学家和首席研究员萨克雷共同发明了 NMC。

约翰逊是美国俄亥俄州人，为人谦逊。他父亲是高中化学老师，家里满屋子都是科学教材。不过，父亲并没有强迫儿子学习化学。父亲对约翰逊说：“我只希望你觉得这不是一份工作，早上起床就去上班的那种工作。”所以，约翰逊小时候并不是“科学控”。他对车库里的试管并不好奇，也不会用显微镜观察花园里的昆虫。但是，读高中时，他受到一位科学老师的感染，高中毕业后，进入北卡罗来

㊀ 施陶芬贝格和布利斯，《试管到中试工厂》，第 470 页。

纳大学就读化学专业。在电化学实验室里，约翰逊感觉如鱼得水。

1991 年，约翰逊作为博士后助理进入阿贡国家实验室工作。就在同一年，日本索尼公司刚刚将锂离子电池投入商用㊀。

约翰逊在阅读科学期刊时发现大家都是人云亦云。这些论文集中关注当时的潮流——古迪纳夫发明的锂钴氧化物阴极，索尼的新型电池正是采用了这项发明。似乎没有人能够提出大胆、新奇的想法，他们只是在思考如何改进锂钴氧化物，即使他们如愿以偿，这种科学成功似乎也存在“缺憾”。不过，有一位化学家进入了他的视线：迈克·萨克雷。萨克雷结束牛津大学的短期研究项目后，返回南非工作。萨克雷在论文里介绍了他的替代方案——氧化锰。他认为，氧化锰的成本低于锂钴氧化物。按照约翰逊的观点，似乎只有萨克雷才能发表一些原创的见解并且提供支持性的数据。

这时，萨克雷在南非的上司通知他，他们将要终止他的锂离子研究项目。尽管索尼取得了意外成功，他所在的实验室仍然认为，锂离子的研究未来不能创造足够的销售额。萨克雷反驳了这种观点，但是实验室的计划已定，他得寻找其他项目。

1993 年，萨克雷在加拿大多伦多市参加一场电池会议，认识了能言善辩的美国人唐·威瑟斯。威瑟斯是阿贡国家实验室电池部的高级经理。他和萨克雷一致认为，锂离子电池的市场一定会扩大。然而，遗憾的是，虽然两人对这一趋势洞若观火，但却束手无策：南非放弃了锂离子研究，铸成大错，而阿贡在该领域非常被动，明显落后于竞争对手。这个位于芝加哥市的国家实验室仍在继续研究高温钠硫电池，却没有推进任何有关锂离子电池的新技术项目。威瑟斯觉得他们眼前有一份共同的事业。所以，萨克雷为什么不考虑搬到芝加哥，将阿贡引入锂离子科学的殿堂呢?

萨克雷认真考虑了这个建议，过了一年左右，他接受了威瑟斯的邀请。

萨克雷的妻子丽萨害怕搬到一个陌生的地方，在新的环境里他们夫妻俩和三个女儿没有一个熟人。萨克雷是这样描述那年二月到达芝加哥奥黑尔国际机场时的情景的：“美国航空公司的飞机即将着陆，轮子还差几英尺就触地了，这时飞行员却启动油门，将飞机重新升入空中。飞机内部顿时一片肃静。丽萨看着身旁的我，缓缓地说，‘谢天谢地！我们终于可以回家了’！”

他们没有回家。飞机没有返航，只是在空中兜了一圈，安然无恙地着陆了。萨克雷一家人经过海关安检后，看到一位拿着牌子的阿贡工作人员。他问候了萨克雷一家人，送给每个女孩一枚 1 美元的银币。这个举动打消了丽萨对在异域他乡生活的各种顾虑。

㊀ 1991 年 5 月，索尼能源部件公司成为世界上第一家将锂电池用于手机的公司。——译者注

萨克雷马上就投入了工作。克里斯·约翰逊成了他的门生。他带约翰逊参加在波士顿市举行的一个国际锂电池会议，到达宾馆大堂后，约翰逊看到很多科学家都跟萨克雷打招呼。约翰逊说："大家都认识迈克。每个人都走到他跟前说'您最近好吗？我得知您现在阿贡国家实验室工作。'我在想，'哇，他不愧为这个领域里的重量级人物。我们的合作关系一定会很完美。'"

萨克雷开始向约翰逊介绍自己的计划。如果减少阴极中钴的用量，用供应充足的锰替代昂贵的钴，可以制造出比古迪纳夫的行业标杆化合物更便宜、更安全的电池。但是，加入的锰用量要有所限制，因为锰会逐渐降解，同时还会破坏电池的性能。相反，需要同时使用锰和镍，这样能保护锰，阻止它降解。最终，就能得到一种理想的化合物：镍锰钴。这其中三种元素的英文首字母合并就是 NMC。当然，这种化合物还必须和锂搭配。

尽管这种配方令人瞩目，但它并没有取得新突破。问题在于物理学原理起了作用，破坏了萨克雷的蓝图。实验证明，如果让过多的锂在产生电的两个电极之间做穿梭运动，镍、锰、钴这三种元素会像古迪纳夫的配方一样分解。

萨克雷想起在南非的科研经历。他记得曾经有一种锂、锰、氧的化合物，原子结构式为 Li_2MnO_3，电化学性质不活泼。研究人员通常将这种物质视为杂质，置之不理。但是，现在萨克雷的直觉告诉自己，这里大有文章。他觉得这种材料还有某种不为人知的用途。他的想法是加一点 Li_2MnO_3 到锂涂层 MNC 中。萨克雷怀疑，这种改变可能巩固 NMC 的结构，在电池充电和放电时确保阴极的稳定。

1994 年和 1995 年，约翰逊使用萨克雷描述的配方制造出了试验专用的电池组，并且将锂嵌入进去。他发现，他能让一半以上的锂在两个电极之间穿梭，此时 NMC 的整个结构都保持得非常紧凑。这就好像阴极一直在等 Li_2MnO_3 为它提供稳定性一样。

约翰逊明白萨克雷的直觉是对的。即使 Li_2MnO_3 本身在加入到阴极后并不活泼，但这种化合物所含的锰和锂却会继续游动，像支柱一样在 NMC 内部停留。这些原子支撑起了 NMC 的结构，而 NMC 内部的锂则开始穿梭。

从外表上看，NMC 和 Li_2MnO_3 好像是毛坯房，地板和天花板由氧原子构成，而墙面则由镍、钴、锰三种元素组成。科学家们将这种架构称为"晶格"。由于 NMC 和 Li_2MnO_3 具有相似的晶格，约翰逊在纳米级就能轻易地将两者融合起来。

如果现在唯一明显的结果是这种化合物变得更加紧凑，那么约翰逊可能会一直沉浸在思维训练之中。但是，稳定性不是他们唯一的成功标准。如果考虑到电动汽车的实际应用，NMC 比古迪纳夫的锂钴氧化物、他自己的磷酸铁锂或者萨克雷的锰尖晶石所制造的阴极更好。NMC 不仅成本更低，更加安全，而且根据萨克雷的估算，这个系统里额外的锂有助于改进其性能。双晶格可以让整个 NMC 结构在分解之前使 60% ~70% 的锂脱出，远远高于古迪纳夫的锂钴氧化物（50%）。额外增加 10% ~20% 的锂后，NMC 产生的能量也更多。

萨克雷将这个发明称为“层层”或“混合物”。

这个双晶格还有一大优势，它能帮助萨克雷不断改进 NMC。他可以用其他金属替换晶格架构里的元素，以提高 NMC 的性能。

不过，现在 NMC 已经具有强大的功能了。它解决了电池与汽油动力竞争时面临的一个主要难题：大多数人希望电动汽车不只有一个优点。长途行驶是电动汽车的一项重要能力，但是这还不够；驾驶人需要其有更多的优点。他们希望电动汽车能够立即启动——他们只要一踩油门，电动汽车就能不断加速，达到更高的速度。他们要求电动汽车安全无忧。如果一辆电动汽车的电池具有潜在的爆炸危险，它只会被消费者（更不用说监管机构）抛弃。最后一个优点可能最难实现：追求长途行驶和稳定加速，同时确保电池的安全性能。

使用阿贡 NMC 配方的电动汽车续航里程为 40 英里。这个技术指标非常关键，因为这是美国的驾驶人每天行驶的平均里程。如果没有达到这个指标，想让电动汽车上路，想都别想。NMC 还能满足美国人对快速加速的需求。另外，锰可以确保电池系统的安全。

总之，NMC 的性能比美国各个国家实验室迄今所制造的阴极都要出色，甚至有些人说，它是世界上最卓越的阴极。

这个突破让萨克雷信心倍增，他似乎对元素周期表上与电池相关的一小部分元素都充满了好奇，并且不知疲倦地“鼓捣”着它们，但是他还不知道未来研究成果的潜在价值。没有人能够预测商业价值，那看起来总是令人捉摸不透。为什么经过这么多年后古迪纳夫的锂钴氧化物仍是标准的锂离子配方，仍用于地球上几乎每一台手机、平板电脑和笔记本电脑上呢？其他人的科研成果，甚至包括萨克雷的尖晶石在内，都无法超越古迪纳夫的成就。这说明新发明实现商业化的成功几率微乎其微。不过，萨克雷还是有机会超越古迪纳夫，有机会迈近最终目标的：挑战内燃机的来源。要不然，萨克雷不会产生兴趣。

他开始组织 NMC 的专利申请工作。

2000 年 5 月，萨克雷飞往意大利的科莫湖，参加为期两周的锂离子会议。会议的选址别具一番深意——亚历桑德罗・伏特于 1745 年出生在科莫。8 个月前，这座城市举行了伏特发明电池 200 周年的纪念活动。来自全球 30 个国家的 200 多位专家参加了这项活动。不过，萨克雷从 5 月份的这场会议中却没有感受到历史的意味，这让他失望不已。首先，从会议中心坐火车才能到达市区，那里十分偏僻，环境一般。

萨克雷在会议开场环节做了一个报告。第二天上午，他参加了一场由四位新西兰科学家主持的讲座。讲座持续了 30 分钟，主讲人激情洋溢、神秘兮兮地介绍了一种融合铬和氧化锰的新电池方案。会后，萨克雷经过一个海报展览，展览的负责人是刚才主持讲座的一位新西兰人，他叫勃莱特・阿蒙德森，是一位晶体学家，他看上去一脸沮丧。阿蒙德森说，“你们将来会知道我所做的研究的。”尽管科莫的其他人不知道，但是萨克雷曾是牛津大学锰尖晶石研究的领军人物，自然深知新西兰的这项科研成果有多么重要。

当时，萨克雷就明白了新西兰人所做的事情——“侵入”他的地盘。

让萨克雷感到不悦的是，新西兰人已经和他一样接近 Li_2MnO_3 的研究目标。他们正在尝试注入锂，以改进阴极的性能。新西兰人的阴极采用的是铬锰氧化物配方。

萨克雷非常担心，赶紧给芝加哥的克里斯·约翰逊打电话。

“赶快，再做几次实验，然后起草一份发明报告，”萨克雷在电话里说，“我们要准备申请一项临时专利。”他一直在准备的专利还没有准备妥当。但是，现在需要尽快准备好，这样萨克雷才能领先于新西兰的科研团队。

之所以采取申请“临时专利”的这种战术，是因为萨克雷对自己的想法有信心，同时又在和竞争对手“比赛”，但是尚缺乏足够的数据。申请临时专利后，申请人可在一年内证明自己的主张。如果到时候找到了充足的数据，就可以获得一项完整的专利，专利日期为最初申请的日期。约翰逊随即放下手头的工作，开始执行萨克雷的指示。萨克雷回到芝加哥后，两人开始制造测试专用的电池组，收集电化学数据，以便证明他们的电池具有更佳的性能。然后，他们把这些数据发给实验室的外部律师。萨克雷用一张图表阐述了由镍、锰和第三种其他金属组成的阴极具有广泛的优越性。一年后，他们正式提出申请，并且如愿以偿，获得了永久专利。

他们成功打败了新西兰的团队。其实萨克雷没有必要担心，因为在科莫湖会议过了“漫长”的6个月后，新西兰的科研团队才提交自己的专利申请。萨克雷阅读完他们的申请后觉得很普通。他心想，新西兰的这个团队“忽视了全局”。他们好像并不知道这种材料的关键在于这两个晶格的相互作用，即利用 Li_2MnO_3 稳定 NMC 的结构。萨克雷认为，新西兰的科学家可能觉得这种配方是几种同质金属的大杂烩，而不是两种结构的混合物，但后者正是这个配方的核心。

另外，加拿大哈利法克斯市的戴尔豪斯大学也提交了一份具有竞争性的专利申请。萨克雷似乎对这个专利也不以为然。他评价道，“他们没弄清具体的研究方向”。

在萨克雷看来，其他的专利申请类似于“日本研究人员的做法”，即“主张全球通用的发明。”如果你这么做了，而不是准确描述你的发明，那么你的主张在面对专利的挑战时就可能会被击垮。专利申请的技巧在于简洁明了，这样你所主张的内容就不会出现错误。他打了一个生动的比喻：“他们沿着一条道路蜿蜒前行，遇到拐弯时不知道该往哪个方向走。”按照这种方法，你就得“处理重点问题”。萨克雷效仿南非的英国矿业公司高管，采取一种严苛的方法。那些高管对 Zebra 电池表示出商业兴趣，邀请他和其他电池科学家到一家酒吧共进午餐，对如何保护这个成果进行“头脑风暴”。他们一边畅饮啤酒和红酒，一边起草专利。萨克雷注意到南非的专利有望生效。

几年后，当汽车制造商开始生产电动汽车时，他们认识到电动汽车所使用的电池配方、成本等有关信息对于行业竞争至关重要，所以对这类信息高度保密。但是，通用汽车公开宣称，该公司已经购买了萨克雷两项重大发明（NMC 和锰尖晶石）的许可权，用于 Volt 电动汽车的综合配方电池。Volt 是通用汽车的第一个电动汽车品牌，于 2010 年推出，属于插电式混合动力车。通用汽车表示，第一代 Volt 电动汽车的理想目标是续航里程达到 40 英里。不过，通用汽车的兴趣不止于此，阿贡国家实验室承诺提供一个 NMC 的高级版本，该版本可以和改进后的阳极组合，并能提高电动汽车的行驶距离。通用汽车等待着升级版，希望在新版本的基础上推出新的电动汽车。

萨克雷的加入为阿贡的电池实验室增添了强大的竞争力。不久之后，它就站在了锂离子研究领域的前沿。接下来，实验室将会招募一位新成员，从而造就出横跨科学和商业两个领域的电池行业“二人组”。

第 9 章　来自卡萨布兰卡的新成员

现在，从摩洛哥的本纳哈梅德村到卡萨布兰卡，走高速公路只有半小时的车程。但是，在 20 世纪六七十年代，在卡哈里尔·阿曼的儿童时期，这段路程所需的时间是现在的 2 倍，人们只能坐公共汽车沿着弯曲的小路前行。本纳哈梅德小镇整洁干净，日照充足。当殖民统治结束后，一部分法国移民在这里定居。阿曼的父亲是一位从事教学工作的阿拉伯知识分子，母亲是北非柏柏尔族的人，育有七个儿子。卡哈里尔排行老二。谈到母亲的家人，阿曼说，“柏柏尔人极其善于经商。”

阿曼家族的历史可以追溯到 20 世纪前 10 年左右，当时阿曼的外祖父本纳迪尔年仅 12 岁，在阿哥迪尔港周围的山区牧羊。有一位老人经常打本纳迪尔。然而，有一天，本纳迪尔忍无可忍，捡起一块石头，砸到老人的头上。老人当场倒地，不省人事。小男孩惊恐万分，撒腿就逃。

本纳迪尔正在四处躲藏，这时一辆搭在拖拉机后的水果推车缓缓驶来。他奋力爬上水果推车，迅速藏了起来。接下来两二天，推车沿着海岸线前行。本纳迪尔以车上的水果和蔬菜为生。但是，到卡萨布兰卡后，水果商贩发现了这个搭乘免费车的小孩，把他扔到了街上。本纳迪尔只好一边赶路，一边行乞。又累又脏的他来到了一户人家。那家有一位法国女人，她见到本纳迪尔心生怜悯，把他带进了家里。她给他清洗干净，让他留下来做管家。

阿曼不记得那位女恩人的名字了。据阿曼介绍，有一天，她那位经商的丈夫安排本纳迪尔给他照看一间店铺。本纳迪尔觉得这个任务责任重大，所以他兢兢业业，每天清晨五点开门，晚上十二点打烊，吃睡都在店里。经过一段时间，法国商人发现这间店铺的营业额大增。于是，他给小男孩分配了更多的店铺，并且开始把他当成自己的儿子。

1956 年，摩洛哥脱离了法国和西班牙的统治，获得了独立。本纳迪尔寄居的这个法国家庭也在遣散回国的外国人队伍当中。法国商人在回国之前将他的企业交给了本纳迪尔。因此，阿曼的外祖父就成了当地声名显赫的商人。

这个故事可能影响到阿曼的商业天分——“我想我是从我母亲那边继承的基因吧，”他表示，“但不幸的是，本纳迪尔的儿子从来没有去上学，他也从来不去工作。他挥霍了家里的财富。嗯，他就是我舅舅。如果换成是我，我现在可能坐拥摩洛哥一半的财富了。”阿曼笑着说，但他其实并不是在开玩笑。

阿曼接着说，他小时候非常认真，容易动感情。如果班上同学的考试成绩比他好，他会哭起来。由于他们村里没有高中，阿曼被送到卡萨布兰卡以外的一所法国寄读学校。他和一些朋友经常在深夜和清晨在厕所里一起看书，因为那里晚上是不关灯的。他的高中朋友一般都会踢足球、抽烟、打牌。阿曼和他们在一起时总是看书。如果比赛遇到纠纷，阿曼就站出来调解。“我会评判谁赢谁输，然后说：‘好了，这些是奖金。’”可见他深受大家的信赖。

大四时，阿曼获得了摩洛哥全国科学考试第一名。因此，他荣获了法国波多尔大学的研究生奖学金。从这所大学获得化学博士学位后，他受邀前往日本的京都大学担任博士后助理一职。

阿曼住进了京都大学的宿舍，他觉得宿舍就像是一间时尚的宾馆。他不在实验室的时候就会到宿舍大厅看电视。有一次，他在大厅看电视，一位气质非凡的年轻女士闲逛着走进来，坐到他旁边。阿曼回忆道，“她看上去像电影明星。哇。简直让我着迷”。然后，他开始搭讪：“请问你来自哪里？”

她叫许晓萍（音译），是中国人，已经到日本三个月了。当时，她正在准备医学院的考试，其中包含技术日语的考试科目。她说：“我没有书，所以有点担心。”

阿曼说他有书，借了几本给她。然后晓萍就“人间蒸发”了。

大概过了六个月，他收到一封短信。晓萍拿了全班第一名，获得了一所著名医学院的研究生奖学金。现在她想把书还给阿曼。

此时，阿曼心里装的不是书，而是认真的恋爱关系——他真的喜欢晓萍。他想，她一定也喜欢自己，不过，一个中国朋友告诉他说，如果她像阿曼所描述的那样保守，他必须从长计议，不能着急。

于是，他主动和晓萍约会，不惜血本请她去吃大餐，逛寺庙，给她买礼物。阿曼的脑海里一直是小时候在摩洛哥的回忆。当时，他才六岁，和哥哥一起看一部动作影片，里面有两位漂亮的女主演，分别是中国人和印度人。阿曼当时就说，“我想娶那位印度女孩或者中国女孩”。现在，阿曼已经长大成人，他希望能实现童年时期的梦想。他渴望娶晓萍为妻。

追了晓萍六个月后，她给了他一个吻。

在实验室里，阿曼也感到了期待已久的成就感。作为一名研究人员，他也许没有为如何在更小的空间里储存更多的原子找到创新方案，但是他如饥似渴地阅读，认真参加各种会议，快速掌握了别人方案里存在的潜力和缺陷。他通过电子邮件把问题和想法发给朋友，然后在别人之前找到创新的解决方案。阿曼习惯这样说，“遇到第一个问题，我们会解决它。遇到第二个问题，我们也会解决它。”

他已经成为日本电池株式会社的研发经理，这一职位对于身处这个东亚国家的年轻外国人来说是一种特殊待遇。当时日本的经济正在蓬勃发展，这家公司的待遇非常优厚：加班多给双倍工资，也就是正常工资的三倍；每年额外补贴六个月的工资——冬季和夏季各补三个月；实现重大突破的核心员工另有奖金。由于公司保留全部发明的所有权，员工不能获得专利使用费。但是，阿曼在发明一个使用镍锰的 5 伏电池系统后，得到了一笔两倍于年薪的额外奖金。对于该公司许可索尼和三星公司使用的氧化钴系统，阿曼又拿到了一笔两年的奖金。这个系统和约翰·古迪纳夫的原创性科研成果存在某种关联。

阿曼和晓萍两人决定结婚。阿曼的父母亲很快就表示同意。至于晓萍的家人，阿曼必须打动她的母亲。按照中国的传统，“如果母亲说没问题，一切都会顺利。”阿曼介绍道，“如果母亲不同意，你就有麻烦了。”然而，一开始并不顺利。晓萍的母亲觉得阿曼虽然事业有成，但年纪可能有点大。她对女儿说：“你为什么想要和这个家伙在一起啊？他这么老。”阿曼回忆道，“她觉得我可能有 50 岁了”。但实际上，他只比晓萍大三岁。

两人回到中国。出发之前，阿曼咨询了他的一位中国朋友。这位朋友告诉阿曼，他应该给晓萍母亲带一份礼物。

阿曼的见面礼是一套黄金吊坠和手镯、几条法国围巾以及一双时尚女鞋。

“你好！”他微笑着问候晓萍母亲，手里拎着礼物。她报以微笑。

1997 年，晓萍被伊利诺伊大学医学院录取，为实现她在美国执业迈进了一步。她鼓励阿曼追随她的脚步，于是他在密歇根州安阿伯市找到了一份工作，担任一个电池研究小组的主管。两人的距离不算太远，他开车 4 个小时能到芝加哥市，可以经常见到晓萍。

一天，唐·威瑟斯走进迈克·萨克雷的办公室。他刚在挪威奥斯陆参加完一个会议回到美国，他问萨克雷是否听说过在日本有一个叫卡哈里尔的电池研究人员？他们一起吃午饭，威瑟斯看上去非常欣喜。萨克雷回答说，是的，他的确听说过阿曼，而且对这个人印象很深刻。

不久，威瑟斯就到了日本京都。阿曼带他参观实验室。

阿曼的上司曾经做出指示，“千万不要跟他讲太多”。但是，当天两人在吃晚餐时，阿曼却继续和他聊科研。

威瑟斯最后问道：“你愿意到美国加入我们的团队吗？”

阿曼回答说：“很抱歉。”他正准备去安阿伯市工作。

威瑟斯笑了。

他说：“你妻子就读的大学离阿贡还不到 6 英里。”

“真的吗？”阿曼惊讶地问道。他在心里把阿贡和 20 世纪 40 年代的原子弹试验画上了等号，觉得阿贡离新墨西哥州更近。

“我愿意加入你们的团队。”阿曼表示。

阿曼和晓萍结婚后，用在日本工作期间的存款在道纳斯格罗夫购买了一套房屋。20 世纪 40 年代，道纳斯格罗夫因阿贡的第一批科学家移居到此而被誉为中产阶级的“小阿贡”。晓萍从医学院毕业后，在家附近开了一家整体医学诊所。阿曼认为，“对于孩子们，对于我的职业和她的职业来说”，晓萍想要移居美国的直觉都非常正确。此后，晓萍找到一套终止回赎权的房产，它离奥克布鲁克小镇只有几英里远。这个小镇相对更新，更加富有，这里的学校既优秀，又先进。他们买下了这套房子。

阿曼如果继续留在日本发展，也可能取得成功。但是，晓萍未必如此，因为那里的条件不太适宜她的发展。在奥克布鲁克，晓萍过得很开心，也很有人缘。

晓萍的父母亲和晓萍她们住到了一起。每次阿曼出差回到家，无论多晚，他都发现有人在朝窗外望着，那是晓萍的母亲。阿曼说：“她总是很牵挂我。”但是，他一开门，她就会马上走开，回到自己的屋里，安静地进入梦乡。

第 10 章　入“室”盗窃

唐·威瑟斯走进萨克雷的办公室。

“卡哈尔认为你在‘剽窃’他的想法。”他开门见山地说。

什么？

得知萨克雷申请锁定 NMC 的临时专利后，阿曼勃然大怒，他抱怨萨克雷剽窃了他的成果。这个摩洛哥人两年前被威瑟斯招入麾下，现在已经成为电池部的一员悍将。他早上六点就到办公室了，几乎比其他人都早，为的就是抢先向政府和私营企业提交资金申请。这些项目方案表明，实验室习惯探寻下一个重大科研成果，链接该领域内原始科研项目的所有隐含因素，然后查找出遗漏的那一环。许多申请都能获得批准，随之而来的资金会占到整个部门预算的三分之二。阿曼的直接下属再按人员比例分配资金。阿曼雄心勃勃，这股冲劲具有破坏性，在他面前，部门其他同事看上去都不思进取。为此，他们感到忧心忡忡，认为阿曼在利用其他人的成果，把他称为“机会主义者”。

阿曼和萨克雷两人本身就差异巨大，显得格格不入，不仅是因为这两位来自非洲两端的移民正在带领阿贡将美国推向下一个工业时代的主导地位。萨克雷平易近人，不修边幅——衬衫熨烫不齐整，头发往下梳理。他对科学研究吹毛求疵，对事物的观察细致入微。他不太理解阿曼这个人。阿曼衣着讲究，发型得体，非常激进，热衷于具有商业化潜力的项目。阿曼似乎对某种化合物的活动细节没有兴趣，萨克雷不明白这其中的原因。但是不管什么原因，萨克雷只是摇摇头，继续钻研自己的科研项目。

阿曼对萨克雷的指控杀伤力巨大。指责一位科学家，尤其是一个团队的同事剽窃他人成果，这简直是最严重的控告。如果阿曼的指控属实，萨克雷的形象将毁于一旦。反之，阿曼的名誉将大打折扣。

但这件事不是如此简单。阿曼还指责一位主管存在偏见。阿曼指出，即使他和几位中国籍助理的生产效率在实验室名列前茅，这位经理仍然把他们当作“三等”公民对待。如果这位主管不尽快摒弃偏见，他会越级上报。果不其然，阿曼找到一位上级主管，谈完话就被提拔了。

阿曼的指责有失公平，这位经理没有偏见，他只是不喜欢阿曼咄咄逼人的风格。但是，阿曼对温文尔雅的萨克雷的指控逾越了另一道底线。这位南非科学家不仅大吃一惊，而且觉得不可思议。阿曼甚至禁止下属和萨克雷说话。

克里斯·约翰逊觉得自己知道事件的根源。有一天，他和一位叫金在谷（音译）的韩国科学家聊天。金在谷是阿曼的一位博士后助理。金说："我发现了钛的一个特性，往钛里另外加一点锂，我们就能制造出一种容量更高的电池。"这个发现与萨克雷和约翰逊两人的想法一样，只不过它用的是钛，而不是锰。约翰逊猜想阿曼可能已经知道这个发现了，虽然他没有公开宣布，说不定正在制定改进方案呢。现在通过这种途径，约翰逊可以获取与重大发现有关的信息了。他强压下心中的怒火，静下心想了想，觉得钛和锰可能是"天作之合"。可以在专利申请中主张两种方法，这样专利就更"强悍"了。

但是，约翰逊显然受到了美国中西部礼仪和情感传统的熏陶。萨克雷的文化根源和他不同，对这个事件的感受也不同。萨克雷怒不可遏。

阿曼似乎做好了迎战的准备。萨克雷得想个解决方案——如果他愿意的话。从法律层面上讲，专利申请人必须说明署名的理由。专利和学术论文不同，任何人都有资格在论文上署名，但说到专利，申请人必须真正为专利做出了贡献，说明是什么贡献，并且给出这个贡献占整个专利的百分比。

萨克雷考虑了这些问题。他和阿曼的研究团队之间没有合作过——双方的人员没有协作的经历。所以，他们的想法不可能直接混淆在一起。阿曼的团队是把锂加入配方。为了提高电池容量，他用氧化钛替代了萨克雷的氧化锰。但是阿曼的假设不同——和新西兰的科研人员一样，阿曼并没有描述双晶格。萨克雷认为，阿曼忽视了全局，他的想法充其量只能算是这项真正发明的"外设"——用萨克雷的话说是"细枝末节而已"。总之，阿曼对这项专利没有什么贡献。

然而，阿曼没有退让，萨克雷也感觉到了火药味。他说："我们俩各执一词。"其实，萨克雷可以坚持自己的立场，奉陪到底，但那样的话，双方的争斗必定会很难堪。

为了顾全大局，萨克雷选择了和平的解决方案。他把金在谷和阿曼都加进了发明人的名单。NMC 发明的巨大进步超越了他们私人之间的纠纷。但是，双方的关系产生了阴影。你不可能在提出这种指控之后，再指望别人忘得一干二净。

这项 NMC 专利引起了广泛关注。克里斯·约翰逊表示，在波士顿的一次电池会议上，"我做报告时人们不停地拍照，认真地记笔记。"不过，萨克雷记得约翰·古迪纳夫曾说过一句箴言：你获得一项发明后，只有两年的过渡期，之后其他科学家就会追上来。"对于这个阿贡的团队来说，它发明的这个电池系统独具特色，功能强大，价格低廉，因此占据优势。但是，在专利领域，他们不得不保持警惕。

2010 年，萨克雷和约翰逊对戴尔豪斯大学的一份报告感到震惊。该大学的教授杰夫·达恩是一位电池研究人员，为人坦率。在阿贡申请 NMC 专利后，3M 公司也为达恩的团队与3M 公司共同开发的 NMC 技术申请并获得了专利。达恩宣布在该材料的性能上取得了重大进步。在做实验时，他将电压提高后，电池的容量突然增加。

如果将锂注入电池，给电池施加电压，使锂从阴极移动到阳极——电池充电的过程——电池结构会产生强烈的阻力。它限制了锂的自由流动，从而限制了能量抽取的速度以及电动汽车行驶的速度。以 NMC 为例，这种结构所含能量更高，可嵌入大量的锂，但动力相对较低，因此，无法较快地脱出锂。达恩的解决方法是将电池充电时的电压提高到4.5 伏以上，即4.8 伏左右，这比通常的4.3 伏高出许多。电压升高后，电子开始穿梭运动。结果令人惊讶。从理论上讲，达恩可以让所有锂在两个电极之间运动。应该不能从阴极中提取较多锂，因为那样会拆除阴极晶格架构的重要“墙壁”，使氧和金属原子的大厦倒塌。但是，达恩发现他能够实现目标。

约翰逊走进实验室，试图用 Li_2MnO_3 重复达恩的主张。他将电压提高到4.5 伏以上。结果正如达恩在报告中所述，电池的容量突然增加了。

这是一个重要的发现。数字证实了故事的真实性。一般来说，像古迪纳夫的锂钴氧化物这样的锂离子电池每克可以储存140 毫安时的电荷。这个容量在锂离子电池发明之初具有革新意义，但却无法满足电动新时代的需求。约翰逊将电压提高后，可以获得更多电量——每克250 毫安时的电荷，这甚至比达恩在报告中所述的220 毫安时还高。约翰逊又试了一次，将容量提高到280 毫安时，这几乎相当于锂钴氧化物性能的2 倍。这些实验表明，这种 NMC 甚至比他们五年前最初创造的 NMC 版本更加强大，而且强大许多。Li_2MnO_3 不仅立刻变成了此前所预想的增强剂，而且电压达到4.5 伏以上时，它变得非常坚实、活跃。在这种电压条件下，你可以激活 NMC 的一个首次“面世”的全新版本。这就是 NMC 2.0 版，这项突破性技术可以推动电动汽车超越“障碍”，挑战汽油发动机。

阿贡的科研人员很快就发表了他们自己的研究成果。至于知识产权（IP），他们也考虑进去了——电压升高促使电池容量增加，这只是对2000 年原始专利申请的一种全新理解而言。

阿曼和自己的团队成员奋战在实验室内，取得了另外一项成就。它涉及电池里一个经常被人忽视的部分，即浸没阴极和阳极的电解液。正是由于这种液体，离子才能从阳极移动到阴极，并从阴极移动到阳极。但是，有时候电池充电过度后会产生起火风险。这种现象已经给锂离子电池和使用这种电池的产品造成了严重的公关危害——机场候机厅笔记本电脑起火的事故达到一定的次数，消费者就会开始担忧。阿曼的团队基于硼和氟发明了一种新的分子，并且为它申请了专利。只要将粉末状的这种分子少量加入电解液，它就能吸收多余的电子，因此降低起火的几率。阿曼已成为这个 NMC 团队当中一位成熟的科研人员。这个团队的几位成员已经成功将他们的科研成果转化为一批以这种 NMC 为中心的专利，而这种 NMC 的价值可以说是超越了任何竞争对手的最新电池研发成果。

第 11 章　新官上任

直到 2006 年杰夫・张伯伦加入阿贡国家实验室后，NMC 的研究才开始取得更大的进展。张伯伦身材魁梧、肌肉发达、神态轻松、举止得体、自信大方而不矫揉造作。开会时，他的声音总能吸引大家的关注。每当会场上争得不可开交时，他一般能以独特的男低音占据优势。每当他开始说教时，他的声音很难让人置若罔闻。他曾经抱怨过“官员当中的反智主义”，也抱怨过美国人是多么“感激那些生产石油的人”。如果有人愿意聆听，张伯伦会继续抱怨道：“美国是煤炭大国，我们拥有核能。我们应该谋求煤炭、太阳能、风能、核能等能源上的独立自主，然后利用这些能源驱动电动汽车。一切都用电力代替石油。我们怎样才能达到这个目标呢?”

他善于打动人心，深受普通员工的喜爱，这些科学家对于电池大战的论调无动于衷，但一听到减少中东石油进口的话题便来劲了。他们听到电池有助于阻止气候变化进程的观点后更是激动不已。张伯伦曾说，未来若干年里，如果消费者就像奥巴马总统和万钢部长所设想的那样热衷于电动汽车，并且这些电动汽车的电力是源自天然气，那么石油储备就不太重要了。对此，他们都信以为真。到那时，油价将会下跌，俄罗斯和欧佩克成员国的石油收入就会缩水，那些没有天然气的成员国更是如此。由于中国对国外的石油需求下降，同时清洁能源使用量增加，国内的空气质量将进一步改善。综上所述，全球的碳排放量将会大大减少。何乐而不为呢？张伯伦知道，他如此力挺清洁能源，既赋予了实验室一种使命感，又能帮助他实现大能源的宏伟蓝图。

张伯伦在靠近佛罗里达州奥兰多市的朗伍德小镇长大。他的父亲杰克销售船用发动机，爷爷和叔叔都在福特汽车上班，所以一家人在聊天时三句不离汽车这个本行。张伯伦还记得自己小时候曾经推着他的“红色骑士”小车，挨家挨户回收旧报纸。他和父亲将报纸打包，每捆 11 千克，然后以 20 或 25 美分的价格卖给回收中心。杰克・张伯伦给儿子解释其中的商业链：想法、执行、收入、个人利润。儿子还上了长号培训课程，到高中时已经能够参加铜管五重奏的演出了。除了张伯伦的长号外，还有两支小号、一支法国号和一根萨克斯。不久以后，这支乐队获得了全州比赛的资格，并且受邀到奥兰多市的迪士尼世界度假村表演。到高年级时，学校的乐队和合唱团的成员一致推选张伯伦为年级主席。张伯伦的竞争对手是学校的四分卫，不过张伯伦最终还是意外当选，成为他在朗伍德时的一次难以忘怀的经历。

同时，他还获得维克森林大学的全额奖学金。大学毕业后，他到佐治亚理工学院就读，获得博士学位。张伯伦原本希望从事教学工作。1993 年，他开始寻找大学教师的岗位，但是却发现情况和他读大学时大不相同了。

回到 1982 年，一位联邦法官下令拆分 AT&T 这家电信垄断企业。贝尔实验室一直以来都是 AT&T 下属的研究机构。按照法令拆分后，贝尔最终也四分五裂了。到 20 世纪 90 年代初期，这家实验室的规模进一步缩小。美国其他研究中心遵循了相同的发展路径——通用电气、RCA、施乐也对各自旗下的基础研究机构“瘦身”，成千上万名经验丰富的研究人员被解雇或勒令退休后，纷纷涌入就业市场。由于很多一流的科学家都在找工作，所以像张伯伦这样刚毕业的年轻博士机会渺茫。

当然，如果你愿意进入冷门行业，就业机会还是有的。张伯伦先后到几家矿业、化工企业，干过从岩石里萃取黄金和铜、开发新的半导体等工作。不久后，他的雇主发现他有一种天分——一种与任何人平等对话的非凡才能。对这些雇主来说，这表明张伯伦具有销售的潜质。但是，如果他在销售领域要发挥出超过实验室的价值，他这种天生的才能还得打磨一番。在第一个销售岗位上，张伯伦向上司学习如何“破译”客户的愿望以及客户潜意识的需求和需要。后来，张伯伦经常回忆起这些内容。

张伯伦在这些年里最亲密的朋友是戴夫・施罗德。施罗德是伊利诺伊州人，非常聪明、有趣，喜欢说大话。他俩曾在一家叫作卡波特工业的微处理器企业共事过。卡波特的管理层不太喜欢这两人，认为他俩总是制造麻烦。这家公司的管理者营造了一种“争强好胜的文化”，张伯伦和施罗德觉得这是急功近利，多此一举。他们感觉两人自主创业可能会更成功。于是，他们白天上班，业余时间就尝试自己的想法。

他们的第一个产品是张伯伦的创意。它以幻想棒球为核心。幻想体育是一个年产值数十亿美元的行业[㊀]。参与者选择与现实体育团队对应的假想运动员，据运动员个人数据记录分数，并在大多数时候从中获利。张伯伦设计了一款软件，帮助参与者提高赢的概率。这个软件借用股票当中的移动平均线，即依据一段时间内的趋势判断平均线。以棒球为例，“某个运动员，比如瑞恩・布劳恩，”张伯伦

㊀ 行业规模，参考幻想体育广告网络，http：//www.fantasysportsadnetwork.com/aboutfantasy.htm.

说。“他为 Brewers 队效力，是全美联盟的最有价值球员。他 28 岁，不，今年是 29 岁。他自从 5 岁就开始打球。”布劳恩的比赛水平骤然下滑。“幻想棒球运动员会说：‘噢，上帝啊，比赛平均分数一路下降；我要他坐冷板凳。’”但是张伯伦却认为，这正是鼓起勇气把他留在赛场上的时刻。因为布劳恩将恢复到他的平均分数水平。实现这个目标的唯一方法是超过平均分数。张伯伦介绍说，“这种方法是与直觉背离的”。

有一个想法是把这个软件卖给雅虎，当时这家公司拥有数十万，甚至可能有数百万的幻想体育订购用户，每个用户每月为实时监控数据而支付十美元的费用。张伯伦和施罗德将这个发明称为“趋势追踪器”，并且为其申请了专利。

一天，两人和雅虎的高级幻想体育主管面谈。

这位主管说：“我真不相信我们竟然没有想到这点。”一位年轻助理接着表示：“好的，如果这个创意很棒，我们也能实现。谢谢你们参加面谈。”主管怒视着这位助理说：“你难道没听到他们在会谈一开始就说过他们已经为这个软件申请了专利吗?”

他表示，他准备与张伯伦和施罗德完成这项交易。他说：“我们会想方设法达到这个目标的。”

两周后，这位主管由于别的原因被解雇了。他的继任者对趋势追踪器漠不关心。

张伯伦和施罗德尝试了另一个创意。当时，一种叫作树枝型聚合物（dendritic polymer）的材料备受追捧。这种化合物可以转化为各种产品。张伯伦和施罗德的关注点是它能防止硅晶片的熔化，因为这是计算机的关键需求之一。消费者需要清除尽可能多的金属，并且减少热能，否则系统性能可能下降。一位来自美国新英格兰地区的发明家发现了一种低成本制造树枝型聚合物的方法。张伯伦和施罗德将这个想法带到了硅谷。他俩觉得通往财富之路近在咫尺，但是他们接触过的风险资本投资者却没有这般信心。两人听到最多的问题是：“你们有没有能源方面的发明?”成功的关键在于时机。精明的投资人士正在将目光从芯片转向替代能源。

张伯伦和施罗德在创业失败之际全职工作也遭遇挫折。卡波特的“老大”设计了基于个人宏观目标的全新员工绩效考核机制。施罗德说，考核的主要是“你懂的，诚实和正直”。在小组会议上，大家一起讨论、选择五个考核目标。张伯伦和施罗德投票反对将“卓越”作为目标。两人都认为，这个无法衡量的指标是“所听过的最愚蠢的想法”。为了说明这个目标的愚蠢程度，施罗德提名了一个他认为同样无法量化的目标——“勇气”。张伯伦和其他几位同事给施罗德的提名投了赞成票。他们胜利了。一位“老大”气冲冲地走上前，大吼道，“你们还想在这里混吗?”

于是，张伯伦辞职了。不久后，施罗德也离开这家公司了。

张伯伦有三个小孩，需要找到一份新的工作，养家糊口。他可以尝试兼职创业。芝加哥地区只有一个地方还在关注他非常熟悉的纳米技术，那就是阿贡纳米材料中心。但是当他申请该中心的职位时，阿贡的主管从不同的角度评估了他的简历。和他以前的上司一样，他们看到了他的销售潜质。

华盛顿最新的信条是加强政府和企业的关联度。张伯伦获悉，联邦实验室的各位主管接到一个新的指令，即“搞科研要关联到”行业。他具有创业经历，富有冒险精神。所以，他可以帮助阿贡在新的政治环境下生存，特别是在它最需要支持的地方提供协助。

阿贡国家实验室给张伯伦提供的职位属于它的知识产权部，这个部门主要负责向企业授予发明专利的许可权。他的职责是处理电池专利的许可授权，这些专利似乎到了应用的时候，但奇怪的是却无人问津。张伯伦接受了这个职位。但是，他跟施罗德说：“我其实做不了什么事。整个团队的表现平平。即使我无所事事，也没人会注意。”

一般而言，美国国家实验室的传统角色是搞基础研究，即推动科学进步，但这些研究可能具有也可能不具有商业应用价值。然而，情况正在发生变化。阿贡和行业开始建立起一种共生关系。美国的研究实验室拆分后，企业转而寻找其他合作机构承担原来的基础研究，而企业自身则集中精力搞设计、制造和市场营销。阿贡眼光长远，采取传统私有实验室的定位。但是，它没有商业化背景，既不追求规模效应，也不从事生产。它需要和企业联手将科研成果推向消费者。现在，这种相互需求在新的政治环境下得到进一步满足：实验室专注于发明，企业负责制造和销售。

张伯伦对这种共生关系有着直觉的理解。施罗德注意到他已经开始提到和一些企业的会谈。施罗德问道：“老兄，你还记得你刚上任时说过自己不打算做出什么业绩的话吗？”

张伯伦回答说：“是呀，我尽力过。不过，我想我渐入佳境了。”

一年以来，张伯伦熟悉了电池部的各项专利。他看过拉尔夫·布罗德为实验室草拟的一份30页的专利组合概论。80岁的布罗德可能是全美锂离子电池领域最为知名的私人顾问了。布罗德在这篇论文中特别指出，阿贡的MNC配方是一项极具吸引力的财产。与此同时，这个发明真正引起了张伯伦的关注。在各种行业会议上，他不断听到亚洲大型企业的代表夸耀他们如何以独创性的改进版NMC满足消费者对耐用性和安全性的渴望。张伯伦感觉他正在“开启宝盒，寻找黄金”。但是，他并没有听到任何一家企业知道阿贡在化学方面的专利。

实验室的问题在于这项NMC发明缺少国际专利。如果要想获得专利在国外的所有权，专利申请费用可能远远超过10万美元，在中国、日本或韩国尤其如此。由于在这几个国家竞争激烈，专利保护很有必要。这笔费用大部分是法律费用，因为专利申请在第一轮辩论中必然会遇到挑战。专利团队不同意给每一项专利都申请国际保护，那样成本太高。所以，为了节省专利申请费用，知识产权部只给这项 NMC 发明申请了美国专利。

之所以出现这个失误，最简单的原因是专利团队还没有完全适应国际市场即将对电池产生的狂热——专利方面的律师根本不清楚，也可能无法了解市场未来的规模以及这个 NMC 发明在其中的独特地位。由于同样的原因，萨克雷自己也没有督促有关同事为该发明申请国际专利保护。

萨克雷对此感到遗憾。你可以感觉到电池团队的沮丧。在他们看来，只有给所有的科研成果在全球各地申请专利，才能避免因目光短浅而造成过失。如今，这个东西掌握在许多亚洲公司手里，它们要么向持有国际专利的 3M 公司购买一个竞争性的阴极，或者在大多数情况下，免费利用这个 NMC 发明。和古迪纳夫的两个重大发明一样，阿贡的 NMC 发明也是分文未赚。

张伯伦决心夺回一部分失去的收益。由于没有公司会轻易购买一项当前免费使用的专利使用权，所以这个想法实施起来并不简单。但是，这类公司在未获得任何人授权的情况下无耻地使用阿贡的 NMC 发明，它们正是他的行动目标。当然，张伯伦可以采取荣誉法（appeal to honor），即尽力说服一家或更多的亚洲公司出于公平考虑向阿贡购买专利许可权。如果这种方法获得成功，就有可能引起其他公司的注意，为了避免惹上官司，它们也可能购买许可。但是，他还是怀疑这种战略是否有效——在他看来，亚洲的商业环境是全球最为残酷无情的，那么什么商业实践在亚洲是公平的呢？

此时，张伯伦的行业经验正好派上用场：他决定人为制造阿贡 NMC 发明的短缺行情。他的想法是出售两个 NMC 的全球制造许可权，而且全球仅售两个。如果美国以外国家的任何企业希望在其产品中使用阿贡的 NMC，他们必须从这两家幸运的企业手中购买使用权。这两家企业将按照谈判议定的价格从阿贡购买上述全球制造许可权，然后共同分享在美国以外国家制造这种材料的使用权的收益。两个全球制造许可权出售完后，阿贡将不再出售这类许可权。他希望，这种举措能快速激发市场对这种技术的热情。由于阿贡自身并没有国际使用权，这种战略容易误导他人，似乎有点“邪恶”。不过，张伯伦心想，它仍有可能奏效。任何企业都可能未经授权就冒险利用阿贡的 NMC 发明制造电池产品。但是，倘若它们真的这么做，那就得承担很大的风险——持有上述全球制造许可权的一家或两家企业有可能起诉它们。

张伯伦能有这个想法，可谓是勇气可嘉。如果市场完全对他视而不见，那该怎么办？

张伯伦可以利用萨克雷和阿曼在业内的威望。这些年来，全球所有主要制造商的高层人员几乎都和这两位电池明星或者其中一位打过交道。他俩把张伯伦介绍给企业界人士，随后张伯伦启动了全球企业考察计划。最终，德国化工巨头巴斯夫和日本化工制造商户田工业这两家公司伸出了他们的橄榄枝。2008 年，张伯伦在两次仪式上分别和这两家公司签署授权协议，协议金额（现金）刷新了阿贡的历史记录。现在，阿贡 NMC 有一个全球市场价，实验室开始从这个发明组合中赚钱，此前他们没有想过这种收入。如果一个公司需要阿贡 NMC，同时又反对冒险，那么它就得购买使用权。新的状况对这种 NMC 的魅力产生了重大的影响：张伯伦的电话开始响个不停。来电话的这些公司谢绝了他“推销”的 NMC。他们认为他是在虚张声势。他们当时问：“你刚才说一个许可是多少钱?”但是，他并没有虚张声势——阿贡已经出售了 NMC 的两个全球独家制造许可权。它不再出售更多的 NMC 许可权了。现在该他们焦虑了。张伯伦人为制造的短缺行情已经变成了现实。

至于美国国内，没有公司侵犯阿贡的 NMC 专利权，原因很简单，美国几乎没有锂离子行业。美国销售的所有锂离子电池几乎都是亚洲制造的。但是，张伯伦对美国的侵权企业毫不担心，他希望阿贡的 NMC 在国内使用，他希望阿贡在国内的关注度不断提升，如果任何公司决定在产品中放置一些 NMC，比如底特律市的汽车制造商正在开发的新型电动汽车，他非常乐意向他们授予专利许可权。任何美国公司都不会公开侵犯这样一项由政府资助的明确专利。

所以，他开始游说参与电池竞赛的美国公司。他劝说他们改用阿贡的 NMC。江森自控和宝洁公司都表示，他们原则上都愿意制造装有这种 NMC 的电池。但是，他们必须长远规划。他们需要 5 年的时间才能为另一种电池配置新的工厂。5 年对于张伯伦来说太长了。他希望阿贡的技术马上进入美国制造的设备中。

这时，他想起卡哈尔·阿曼开发的电解液技术。阿曼研发的添加物不需要改动现有的机械设备。他又找到江森自控和宝洁。两家公司都认为改换电解液非常简单。就这样，张伯伦获得了第一批美国客户。

张伯伦还注意到其他的变化。他第一次接到其他美国公司热切的来电。他们听说过阿贡的 NMC 和电解液添加物。张伯伦还藏了其他哪些“宝贝”呢? 他说：“我们开始接待参观人员了。”公司管理人员想要亲自参观阿贡国家实验室。实验室在业界的影响力越来越大。

张伯伦准备起草专利许可授权的模板协议，以涵盖阿贡全部的电池专利组合。业内的公司面临一个选择：他们可以按照十年许可权授权协议，支付一笔预付款，购买阿曼研发的添加物、NMC 或任何其他发明的专利使用权，然后定期支付使用费；或者，他们可以按照销售额支付等额的成交费。在张伯伦看来，阿贡正在一步步地实现宏伟蓝图。他说：“组合管理是经济战争的组成部分之一。”

第 12 章　与韩国人谈判

不久后，张伯伦听说通用汽车公司向韩国的 LG 化学公司采购锂离子电池，用于最新的 Volt 插电式混合动力车。该款汽车是这家美国汽车巨头为抢占电动汽车领导地位而设计的一个产品。张伯伦还听说，LG 的电池采用了阿贡的 NMC。他不准备做“沉默的羔羊”，于是飞到了首尔。

张伯伦不打算起诉 LG——他怀疑美国政府是否会允许这两家公司打一场长期的专利战，至少当前不会允许。原因之一是有些人以为，韩国不是电池竞赛里的直接竞争对手。这些人认为，美国最大的希望可能在于结盟，如果真是这样，那么接下来选择结盟对象就轻而易举了：中国具有自身的地缘战略和发展目标，与中国结盟不太现实；日本历来独立发展，不喜欢分享科研成果。剩下的韩国早已体会到与美国合作的好处。2010 年，美国政府将 24 亿美元激励基金中的 1.6 亿美元授予 LG。该基金旨在帮助美国争夺全球先进电池领导者的地位。LG 作为获得该基金资助的核心企业之一，将在美国建立由联邦支持的电池工厂，给美国电池行业增添了赢得竞赛的希望。

共和党的批评人士攻击了这个基金。他们的抱怨不是你可能预想的那样——激励基金的第二大款项给了一家韩国公司。实际上，他们抱怨道，奥巴马是在“挑选优胜者”。他将电池和电动汽车指定为下一次经济大繁荣的支柱，但却不能给出可信的证据。

他们说对了一点——谁都无法确定行业预期将会变成现实。但是，事实却与这种怀疑论相反：电池竞赛本身正在进行中，这点毋庸置疑。另外，电池制造商持续改进锂离子，汽车制造商正在设计和推出新的电动汽车，而各国政府也给研发团队资助和补贴。

阿贡对韩国人也特别亲切。每次韩国的科学家和企业来实验室参观，他们全程都非常合作，以至于若干年后，他们被当成“美国荣誉公民”来对待。

尽管如此，张伯伦仍然相信，随着美国奋力追求它在电池时代的地位，它还是需要明确哪些是属于自己的东西。正因为这样，即使韩国是美国在电池领域的商业盟友，张伯伦仍然将他们列为目标。他希望阿贡获得应有的收益。

为此，他亲自去了首尔，告知LG说该公司即将侵犯阿贡的专利。韩国人从美国政府的激励基金中获得了资金，同时他们也接受了一些附属细则，承诺遵守美国的专利。虽然LG在美国以外的国家未必受阿贡这项专利的制约，但它事实上在引导通用汽车公司侵权。由于这家美国企业受到这项专利的制约，因而那将造成违约。张伯伦利用这种精明的法律手段让韩国人相信LG必须购买这项专利权的许可，LG也确实照办了。

接下来是通用汽车公司。LG已经从阿贡购买了NMC的专利许可，所以从理论上讲，通用汽车公司不必另外再购买许可。但是，这家汽车制造商对张伯伦所介绍的高性能NMC 2.0版充满兴趣。它尤其痴迷于旧金山附近一家名为Envia系统的小型初创企业。这家公司和阿贡有合作关系，已经获得了NMC的专利许可，并且准备为这项专利开辟新的发展领域。Envia改进了萨克雷和约翰逊研发的阴极的性能，这表明NMC 2.0版可能很快就会走出实验室，投入商用。通用汽车公司希望成为“第一个吃螃蟹”的企业。借助这项新技术，通用汽车公司有望削减Volt混合动力车的成本，提升Volt的销售业绩。此外，它还可能为未来不带备用汽油发动机的纯电动汽车提供动力。所以，通用汽车公司也购买了NMC的专利许可。购买协议附带一则条款，主要意思是：如果阿贡成功创造了升级版的NMC，通用汽车公司可以在未来的电动汽车里使用它，而阿贡将获得一笔丰厚的奖金。

张伯伦、萨克雷、约翰逊以及阿曼都喜出望外。这家亚洲巨头终于告别了没有专利的历史。现在一家公司如果想免费使用阿贡的专利，它就得承担责任。它必须为知识产权“埋单”。阿贡的先例引起了美国非营利实验室的关注，这些研究中心，特别是大学的研究机构一直遭受这种侵权行为的困扰。张伯伦参加一次会议时，一位麻省理工学院的知识产权律师把他拉到一旁，对他说，“我们希望我们也能促成你们那样的交易，”即阿贡与LG签署的合同。“我们的合作对象是初创企业。而你们授权的对象既有初创企业，也有大型企业。如果是大型企业，你们就能确定这种材料会投产。”

如今，阿贡正受到行业巨头的关注。它不仅仅向诞生于车库、明年或许就倒闭的初创企业授予许可，也向通用汽车公司这样的全球大型企业授权。后者会真正将许可的技术应用于产品中。

张伯伦在电池部溜达，手里拿着迷你便利贴，上面写着一些数字。他走到克里斯·约翰逊身边说，“下次发工资你会多拿到这么多”。约翰逊正戴着防护眼镜，在工作台前工作，怀疑地看着张伯伦。

张伯伦解释说：“那是专利许可的收入。”

张伯伦将大约180万美元的奖金分给了这些科学家。他接着通知萨克雷、阿曼等人。所到之处反响热烈。张伯伦非常开心，科学家们对他的尊敬也溢于言表。一天，萨克雷对他说：“你现在也是电池圈内人士了。”

2010年夏天，阿贡管理层给张伯伦安排了更多的职责。除了原来的IP专利许可职责外，张伯伦还担任电池部的主管。萨克雷从领导能力的角度上认为实验室已变得更好，当然这不是故意要冒犯张伯伦的前任。他把张伯伦称为“当之无愧的超级明星”。他的专利最终应用到电动汽车后，他就想这样称赞张伯伦。要知道，那是他毕生的研究成果，所以那项专利交易的意义重大。但是，他希望张伯伦还能关注阿贡国家实验室整体的商业特征。一般而言，政府工作人员在实施专利方面比较弱——毕竟，联邦实验室不是商业企业。但张伯伦是个例外。有一天，阿曼开着自己价值63000美元的宝马汽车离开实验室，他介绍道：“这辆车是用专利许可的收入买的”。他把这个成果归功于张伯伦。经历过一连串的专利许可交易后，晓萍有了新的盼头。每次阿曼下班回到家，她总会问，“你最近有没有卖专利许可啊？”

对于科学家而言，来自同行的尊重是很大的动力，但萨克雷和阿曼认为，商业化能够带来同样的认可，也许认可度更高。他们对张伯伦永远满怀感激之情。

萨克雷主要从个人的角度看待这种成就。他觉得这些专利许可表明“这项技术的多米诺骨牌正在倒塌”。科技正在从实验室向工厂转移。如今，62岁的萨克雷正在探寻NMC 2.0版，为自己的职业生涯画上圆满的句号。他说：“我会继续奋斗。我感觉自己在南非的一片海中冲浪。我等着被浪冲到沙滩上。”不过，至今这个结果还没有发生。萨克雷对自己的职业心满意足。张伯伦让他相信只要NMC 2.0版诞生，他就能光荣退休。萨克雷表示，“现在形势大好，人才济济”。

NMC 2.0版的前景一片光明——美国在电池“战争”中占据优势——但是，张伯伦知道，这仍然差强人意。电动汽车仍是一个待定的命题。汽车购买者参观展览厅时对电动汽车的评价态度很明确，但如果政府补贴的力度非常大，可能会犹豫不决。即使那样，电动汽车仍可能是一种“社会性商品”——这个产品面向的是由那些希望与绿色环保活动发生联系的消费者构成的小众市场。电池圈内人士仍有很长的路要走。

第 13 章　安迪·格鲁夫的建议

2009 年 10 月，英特尔前任主席、美国硅谷教父安迪·格鲁夫邀请张伯伦和他的阿贡团队到他在加利福尼亚州的家做客。格鲁夫见到阿贡的团队后，回顾了电池竞赛，然后表示他从锂离子中看到了硅芯片。20 世纪 50 年代，第一批集成电路在微芯片上制造而成，此后，美国的芯片行业开始蓬勃发展。然而，到了 80 年代，日本占据了大部分的芯片产业市场以及相应的就业岗位。格鲁夫将英特尔转变为一家微处理器生产商，它不仅仅生产芯片，还制造电脑。他让英特尔重新复苏，成功拯救了这家芯片业巨头。他说，电池行业也面临着残酷的双重竞争，谁能最终制造出更加强大、持久、安全的电池，谁能在最短时间内将科研成果转化为产品，谁就能获得胜利。

但是，格鲁夫心想，电池行业的风险远远高于日本企业抢占芯片市场时的风险。他预见到一种“正在逼近的明显风险”：如果美国不能满足自身的能源需求，它将在政治和经济上任由那些能源供应国摆布。美国必须打造一批由电池驱动的私家汽车，以代替当前大多数由汽油驱动的汽车。他像往常一样对一切抱有热情，于是给他在英特尔的继任者打了电话，敦促他们加入这场新的竞争——进入高级电池市场。他们不太在意他的建议，这一方面是因为电池和硅不同，前者以电化学为基础，后者以固定物理学为基础，而电化学变化无常。电池过于复杂。因此，格鲁夫找到了张伯伦。

阿贡的科学家用一个三步走的计划来测试格鲁夫。他可能会和此前推动硅谷变革一样给阿贡带来巨大的变化。为了简明易懂，他们将计划压缩成三个要点，放在一页纸上。第一个阶段是当前的锂离子——阿贡 NMC 以及第一批新电动汽车的应用；第二个阶段是未来 3 ~ 5 年，推出“高级锂离子电池”，即 NMC 2.0 版，这种过渡技术的寿命是现在锂离子电池的 2 ~ 3 倍。该技术足够支撑混合动力车发展 10 ~ 20 年，在此期间可以实施纪伯伦所称的第三阶段“铜环”计划。最后这一步涉及一种叫作“锂空气”的技术。那是阿贡最终的发展方向。

张伯伦觉得万钢部长和他的团队正在采取相似的战略。格鲁夫把阿贡的客人送到门口，叮嘱他们牢记一点：“制造业的一场比赛要经过九个回合才能见胜负。这就好比是一场拳击比赛。你可能输掉第一个回合，也许再输掉第二个回合。但是，务必记住——每场比赛都有九个回合。”

第 14 章　驾驭优秀人才

萨克雷和阿曼可以在任何地方工作。他们可以离开阿贡国家实验室，自谋出路。如果他们选择这条路，他们将不再需要能源部的官僚审核每个项目方案。单单解释一项实验是否安全就得长篇累牍，所以这是一个好处。然而，他们在私有企业中发展不一定能获得更多的收入。1980 年，美国制定了法规，允许联邦资金的获得者保留自己专利的全部或部分所有权。这两位科学家因 NMC 发明而获得奖励。

在国家实验室工作还有其他好处。张伯伦的职责之一就是管理那些心理敏感、自尊心强的科学家，所以他反复向萨克雷和阿曼强调这些好处。首要的一点是学术研究。如果你想在著名期刊上发表论文，让你的专利受到关注，阿贡是一个理想的选择。从事电池研究的科学家面临激烈的竞争——众所周知，这是最热门的科研领域之一，每个人都希望抢先获得下一个研究成果并且尽快实现商业化。阿贡在电池科学方面世界领先。电池研究人员不好意思挑明这个优势，但是他们觉得他们组织了全美乃至全球最强大的研发团队，能够留住明星科学家，吸引新的人才承担博士后助理岗位。如果其他机构有人突然小有进展，张伯伦的团队就会感到焦虑。

加利福尼亚州的初创企业 Envia 研发的电池的工作时间比萨克雷的团队高出 50%，他得知这个消息后火冒三丈。萨克雷的这种反应完全在意料之中，因此，张伯伦可以发挥自己的长处，也就是张伯伦所谓的“激将法”。即使 Envia 实质上依赖于阿贡，它却在不断地改进阿贡的 NMC 专利。萨克雷认为 Envia 的行为是一种竞争。他开始给自己的团队施加更大的压力。

电池科研人员可能会说，张伯伦整天不见人影——他身兼两职，公务繁忙。但是，当你和他坐下来聊天时，他会认真了解你追求的目标，然后创造机会，帮助你实现那些目标。科研人员非常珍视他的这种品质。不过，他们还知道，张伯伦是一位心思缜密、目标明确的上司，最明确的目标就是赢得这场竞赛。譬如：即使阿贡是美国能源部下属的实验室，理论上讲属于公立机构，但他们还是不能发表每一个科研成果。原因很简单，阿贡已加入一场竞赛。这是一个悖论，你希望所有科研人员都能发表论述，推动整个行业向前发展，同时科学家也因为众多论著而赢得同行的尊重，然而，你又希望保护自己的发明，因为一旦公开发表，你的竞争对手就可能利用你的发明与你竞争。萨克雷和阿曼，以及所有科学家都知道其中的利害关系。这就是张伯伦眼里的双重战争。

每天，张伯伦都要沿着 75 号大街，从家驱车 18 英里到阿贡国家实验室。自从 70 多年前实验室在塔尔格-伍德扎根后，途经的郊区不断发展、兴旺。然后，他进入南卡斯大道，大道的尽头是一条宽阔、美丽的道路。道路两旁森林茂密。不久，他突然右拐弯，眼前是一个巨大的黑色标牌，上面是阿贡的标识：一个三角形，四周涂有三原色。沿着前面的小路开 1 英里左右，一路上都是树林，最后到了一个门卫室，张伯伦出示一下佩戴在脖子上的徽章，然后，右拐进入一个主要由红色砖结构大楼构成的建筑群，整个建筑群占地面积达到数百英亩㊀。几分钟后，他看到了 205 号楼的黑色小标牌，上面也刻着阿贡的标识。只用五十多步，他就能走到大楼。

今天，张伯伦向左转，走进了“干燥室”，这间现代化的实验室具有防潮功能，专门为高级锂离子电池试验设计而成。干燥室和外界之间有一个密封舱。在室内，科研人员将碳和 NMC 的混合物镀在铝卷上，获得新的电池阴极。张伯伦说，“这是 19 世纪的技术了”，在这种实验室里无足轻重。他轻声地补充道，他看过其他国家的实验室，那里的科学家真的站在一旁，把手指伸入混合物，然后评价它的品质。万钢部长只是张伯伦最近在阿贡接待的中国客人之一。几个月前，美国人和一个中国代表团提起“锂空气”的话题，并且愿意帮助中国的客人开发这项技术。但是，那批客人只想讨论一个话题——锂离子。他们的主题是：我们如何能够拿到你们发明的东西？他们指的是阿贡的 NMC。张伯伦和他的团队极其谨慎，三缄其口。因为阿贡能够设计出可以自动制造优质混合物的机器人，它能够发明出 NMC。张伯伦说，“那正是我们赶超（竞争对手）的机会”。

也许张伯伦说得对。萨克雷和阿曼可能就是实现这个目标的人选。

㊀ 1英亩约为 4047 平方米。

PART 2
第 2 部分　外人

第15章　初创企业

2007年6月，苏吉特·库玛尔和迈克·辛库拉开始利用加利福尼亚州帕罗奥图市区的公共图书馆办公。库玛尔是一位出生在印度的电池科学家，辛库拉则是旧金山人。两人在图书馆的一间公共会议室里打电话，打印论文，发传真，组织会议。在四个月的时间里，他们筹集了320万美元，用于授权和验证阿贡NMC 2.0版——以略高于4.5伏的电流电击NMC所产生的高级阴极——能让电池的容量翻倍，汽车电池的成本减半。他们计划将这笔资金用来组建一个十人左右的科研团队，以研制超级动力电池。研制成功后，他们可以筹集更多的资金，然后将科研成果投入生产。

当时的汽车行业似乎只有库玛尔和辛库拉留意到阿贡的NMC配方，似乎只有他们才确信一点：如果你想找到一项有利可图的应用技术，NMC 2.0版是目前市场上最有前景的电池材料。库玛尔在他和辛库拉此前共事过的一家硅谷初创企业里了解到这种材料的特性。这家企业名为NanoeXa，致力于开发电动工具专用的电池。库玛尔担任该公司的首席工程师，他花了几个月寻找超越同行的竞争优势，偶然发现阿贡的NMC专利。他查阅过成百上千有关锂离子的专利和学术论文。阿贡的NMC专利及其二代升级版比他所了解到的其他发明都要先进。2006年，他令人吃惊地给萨克雷打了个电话聊这项发明。在此之前，萨克雷发现业界对NMC的专利毫无兴趣，但是NanoeXa的CEO仍然花费15万美元购买了它的许可权。

几个月后，库玛尔和辛库拉都离开了NanoeXa，理由是他们想“换个环境发展”。㊀为了让惊讶之余的CEO吃一颗“定心丸”，他们说下一家公司和NMC市场无关。不过，几周后，阿贡又接到了库玛尔的电话——他和辛库拉成立了自己的公司。他们的主要业务是向汽车制造商推广NMC。接下来几年里，这家初创企业的一举一动成为两人与NanoeXa的CEO迈克尔·帕克（Michael Pak）激烈争辩的

㊀ 根据本书作者与迈克尔·帕克的访谈，2013年12月2日。

焦点。杰夫·张伯伦在自己的创业阶段发现，能源是硅谷的热门话题。风险资本公司如饥似渴般地追逐最有前途的创意。他们认为，可再生能源将是下一个大繁荣的行业。但是，他们的渴望似乎和以往的疯狂不同。他们追求的不仅仅是收益。这股热潮与硅谷对石油的鄙夷风气一脉相承，他们不排斥技术上的竞争对手，同时对气候变化忧心忡忡。风险资本投资者要想兼顾收益和公益，那么这种方法不失为是一个良策。

与此同时，在美国乃至世界范围内，大家越来越关注全球气候变暖的问题。当时，巴拉克·奥巴马还是美国参议员，竞选总统时，他承诺推广非化石燃料技术，减少温室气体的排放。但是，民众普遍认为，无论民主党人还是共和党人当选，新任总统都会通过相关立法和联邦经费，支持太阳能、风能、生物燃料以及电池企业的发展。硅谷的风险资本圈已经准备迎接新的政策和商业趋势。

在此背景下，库玛尔坐到风险资本投资者前面，一边播放 PPT 幻灯片，一边介绍说，阿贡的 NMC 虽然是市面上最先进的技术，但到目前为止还无人问津。库玛尔说，波士顿市有一位毕业于哈佛商学院在 RockPort Capital Partners 工作的员工“非常激动”。他希望见一见萨克雷或者阿曼本人。如果库玛尔和辛库拉说得没错，他愿意给他们投 320 万美元。

两周后，库玛尔、辛库拉和两位 RockPort 的员工飞到了芝加哥市。听完阿曼的介绍后，两位投资人回到波士顿，给库玛尔和辛库拉发了一份“投资协议条款清单”，正式承诺用资金换取他们尚未命名的公司的一半股份。

库玛尔觉得这来得太快了。尽管他有创业经验，但他现在才意识到自己并没有真正理解融资的运营方式。他回到加利福尼亚州弗里蒙特市的家中，给妻子的一位大学同学阿图尔·卡帕迪亚打了一个电话，他是 Bay Partners 的主管，这家公司是硅谷成立时间最早的风险资本企业之一。

库玛尔说，“RockPort 要给我投资，但是我看不懂‘投资协议条款清单’。你能帮我看看吗?”

出生于印度孟买的卡帕迪亚拥有斯坦福大学的 MBA 学位和孟买大学的生物医学工程学士学位。他毕业后就进入太阳微系统公司上班，加入了日后成为全球运行速度最快的 Spitfire 芯片的设计团队。

卡帕迪亚首先问库玛尔，美国最大的风险资本公司都在硅谷，为什么想在美国东海岸寻找资金？他建议库玛尔和辛库拉带着他们的 PPT 演示稿到他位于帕罗奥图的办公室聊聊。

卡帕迪亚听完两人的陈述，过了两个小时就给库玛尔的手机打电话说：“我愿意给你们投资。”

卡帕迪亚开出的条件和那家波士顿的公司基本相同：用 320 万美元换取这家初创企业一半的股权，这是硅谷风险资本圈的标准条款。但是，为了表示诚意，他愿意马上给库玛尔开一张 50 万美元的支票，这样他们就能尽快开展工作了。在敲定股权投资的细节之前，库玛尔可以将这张支票视为短期贷款。

后来回顾这次经历时，库玛尔觉得他有可能为这部分股权融到更多的资金——500万美元，甚至600万美元。他的想法很有市场——只打了几个电话，他和辛库拉就得到了两个融资机会。但这都是事后诸葛亮。现在他必须创立一个公司。他接受了卡帕迪亚的投资条件。

库玛尔和辛库拉将他们的公司命名为“Envia Systems”，并在纽瓦克市一个新建的小型工业园里设立了实验室，园区内聚集了众多的初创型技术企业。纽瓦克是美国东部湾的一个郊区。公司的名字来自于辛库拉的想法。“Envia”由英语单词“energy”（“能源”）和西班牙语“via”（即英语的“way”，“道路”之意）合并而成，是指“通往能源之路”。

库玛尔给张伯伦打电话说，“我准备再次授予专利许可权了”。

库玛尔办事效率之高，让张伯伦十分惊讶。库玛尔手头没有原型，单凭一个想法就达成了这项交易。知识产权方面，他只从张伯伦这边拿到一份非独家专利的书面协议。张伯伦心想：“这些风投人士如此残酷无情，他是如何迎难而上的?”关键还是时机——库玛尔和辛库拉瞅准了市场需要他们这种人的机会，主动出击。但是，成功的因素不只有这一个。虽然风险资本投资者没有明说，技术固然重要，却不是他们考虑的首要问题。他们密切关注一家企业的管理层。他们的关键问题是：“管理层曾经做过这个吗?”换句话说，企业家是否执行过风险投资项目并且从中获得高额回报？如果是，投资者可能非常慷慨，资金也是随要随到。张伯伦举了一个贴切的例子：

假如你已经给我的基金赚了几亿美元。然后，你又想向我融资？好啊，没问题。你需要多少资金?

库玛尔没有给任何人赚过几亿美元，但是他“干过这行”——他曾经领导过三家初创企业，而这正是他的核心资质。这才是他的“亮点”。他可以找到风投人士说：“瞧，我发现一个新的机会。虽然我还没有达成许可协议，但是你的动作必须要快。这是我们和阿贡谈好的条款。”张伯伦说：“然后，一拍即合。三百万美元到手。他一会儿功夫就谈妥了。”

相比之下，几年前张伯伦也沿着硅谷的沙山路一路拜访风投公司。当别人问到他的从业经验时，张伯伦回答说，自己“的的确确”将一项业务从无到有地壮大起来了，这家公司是卡波特。但是，风投人士对于在大公司环境下的成就有不同的看法。他们觉得，这和只有一个小团队、预算紧张并且自担风险时获得的成功不同。他们的答复是“不对，你没有干过这行”。

由于从业经验丰富并且达成了多项利润可观的交易，张伯伦在阿贡国家实验室可谓是一枝独秀。从库玛尔的成功经历中，我们可以了解到创业明星是如何玩转风投游戏的。

第 16 章　电池人才的摇篮

库玛尔和别人说话时语调抑扬顿挫，同时会把黑色的头发甩到一边。他穿着长袖衬衫，宽松的长裤，喜欢通过四方的眼镜打量对方。外表看起来凌乱不堪，一副不经世故的样子，显得有点落伍。考虑到硅谷 CEO 需要和各种老于世故的局外人士打交道，这样的装扮可能不太得体。但是，他一谈起电池的话题，坦诚和率真就表露无遗。张伯伦和他在佛罗里达州劳德代尔堡电池会议上见面时，感觉“这个人言而有信，说到做到”。辛库拉留着时髦的发型，穿着宽松的裤子和夹克，一看就知道是这个二人组合中的“生意人”。张伯伦上下打量他俩，看到的是“两个年轻有为、雄心勃勃的企业家”。

库玛尔在印度东部城市巴特那长大，这座城市位于恒河南岸。每天放学后，库玛尔和他的朋友会到附近的空地上打板球、踢足球。黄昏时段，可能会停电 3 ~ 4 个小时，万家灯火陷入黑暗，他就在煤油灯下复习功课。完成功课后，他又冲到外面，继续在夜色中玩耍。他是家里六个小孩当中最小、最受宠的一个。他父亲深思后认为这种环境妨碍了他的教育。于是，10 岁那年，库玛尔打好铺盖，转到一所军事学校就读。学校位于贾坎德邦一个森林茂密的山区——哈扎里巴格，在巴特那以南约有五小时的路程。库玛尔回忆这段经历时说，“我经常哭——每次去学校前，我都会哭。”但是等他一到学校，就马上和其他同龄的小孩玩起来，伤心早就抛到脑后了。

印度每年大约有 10 万名学生参加印度理工学院（IIT）的入学考试，角逐 2000 个录取名额，录取率为 2% 左右。相对而言，哈佛大学在 1986 年的录取率是 16%，这一年，库玛尔也要参加大学入学考试。虽然 IIT 的录取率极低，报名学子仍然难以抵挡巨大的诱惑——如果被录取到 IIT 的任何一个校区（共七个校区）就读，学生就有望成为印度的顶尖科技人才，可以与美国或者世界其他地方的佼佼者媲美。事实上，IIT 的学生毕业后经常到美国硅谷发展，在硅谷担任各种重要职务。应试的学子肩负着这个家族的殷切期望。库玛尔说，如果金榜题名，“你的人生就无忧无虑了”。

库玛尔渴望进入 IIT 学习。他参加了 IIT 的入学考试，分数排在前 1800 名，获得 IIT 统计学专业的录取名额。这是一件值得庆贺的事，但库玛尔高兴不起来。他不仅希望读 IIT，而且想读该校的工程专业。IIT 的毕业生令人羡慕，一听到是 IIT 的校友就会称赞不已，但是很少有人知道 IIT 还有统计学这个专业。库玛尔没有达到工程专业的录取分数线。与其说他感到兴奋，还不如说是沮丧。

库玛尔一位兄弟说他被人误导了——被 IIT 录取就是件好事，不管是统计学还是任何其他专业，他应该“珍惜就读 IIT 的宝贵机会”。然而，库玛尔的父亲和他的想法一致。他父亲说：“你为什么要去读统计学？你应该去读工程专业的。”

库玛尔还有一个选择。凭借不错的考试成绩，他可以去瓦拉纳西的技术学院。这座城市离巴特那有 4 小时的车程，位于恒河的西面。瓦拉纳西技术学院是一所著名学府，不久后并入了 IIT。不过，瓦拉纳西技术学院的毕业生一般是到钢铁企业或其他基础工业企业从事缺乏创意的工作，这对库玛尔来说是不可思议的。他不知道还有什么比读统计学专业，然后到钢铁行业工作更糟糕。这时，他的父母亲介入了：瓦拉纳西相对更近，这让母亲放心；工程职业更加稳定，这符合父亲的想法。于是，这位少年起身前往瓦拉纳西求学。

入学三年后，美国传来了消息。据最近毕业的瓦拉纳西技术学院校友透露，美国为优秀毕业生提供博士学位奖学金和高收入的工作机会。IIT 的毕业生在印度国内的技术和工程就业市场独占鳌头，但在美国你毕业于哪所学校并不是关键因素。只要你有才华，你就能和 IIT 毕业生站在一条起跑线上。

库玛尔决定尝试一下。大四那年，他一边准备 GRE 考试，一边搜集美国大学的招生信息。最终，他收到美国一所大学的来信。罗切斯特大学愿意为他提供全额奖学金，其中包含每月一千美元的津贴。条件是他要担任助教和其他校内工作。但是，他可以直读博士。

此前，库玛尔家族没有人去过海外留学，他母亲劝他打消出国的念头。但是，他不想半途而废，他必须出国。他父亲为儿子筹到了机票费用。库玛尔到纽约时差不多是身无分文了。这年他 21 岁。

库玛尔抵达美国时，正值大量的亚洲移民涌入硅谷和美国科技行业。亚洲人才承担了硅谷三分之一的科技岗位和二分之一的软件开发工作[㊀]。美国四分之一以上的博士学位获得者是外国移民，其中一半来自亚洲[㊁]。大约 40% 的工程和计算机科学博士在美国以外地区出生[㊂]。

这种人口统计学的特征似乎引起了种族矛盾。硅谷一位黑人主管表示，亚洲

㊀ 《圣何塞信使报》（*San Jose Mercury News*），www. mercurynews. com/business/ci_22094415/asian-workers-now-dominate-silicon-valley-tech-jobs.

㊁ 经济合作与发展组织（经合组织，OECD），www. oecd. org/unitedstates/2102002. pdf.

㊂ 《高等教育内部参考》（*Insider Higher Ed*），www. insidehigered. com/quicktakes/2013/0403/economic-conidtions-key-keeping-foreign-phd-graduates-us.

员工数量的暴增不是偶然的事件，起因在于科技公司“不愿意雇佣美国人，他们更愿意用 H-1B 签证引进海外的人才”。这种居住许可证每年颁发给具有特殊技能的外国人。硅谷科技界雇佣的黑人员工确实很少。但是，我们找不到证据表明哪个种族特别受到推崇或排斥。就电池圈而言，其他因素似乎导致了一些偏见。

大概 25 年后，你会发现电池竞赛中最明显的现象，那就是上述员工结构的趋势根深蒂固——美国的电池研发团队大部分成员是外国移民。偶尔会有美国本土出生的电池科研人员。在萨克雷的小型团队当中，大部分研究人员的家族几代人都是在美国生活，张伯伦的团队也是如此。不过，萨克雷本人出生在南非的比勒陀利亚市。张伯伦的副手汤尼·布雷尔来自新西兰北岛的帕默斯顿北。张伯伦的直接上司艾米丽奥·布内尔是智利人。

美国电池行业的智囊团也是相同的情况：约翰·古迪纳夫在康涅狄格州长大，斯坦福大学的崔屹（音译）出生于中国，伯克利的文卡特·斯林尼瓦珊出生在印度，MIT 的蒋业明出生在中国台湾。在企业界，苏吉特·库玛尔和迈克·辛库拉以及他们团队的所有科学家都在印度出生。

出生于摩洛哥的卡哈尔·阿曼只招聘外国员工，对此他毫无歉意。他的团队里没有一个在美国出生的研究员。最近几年里，阿曼只聘请了一位美国人和一位法国人。但是现在除了三位摩洛哥人（包括他自己），其他团队成员都是中国人。下班后，阿曼吃着寿司说，他得出的结论是这里的工作对于在美国出生的美国人来说太辛苦。不仅对于他们是这样，一些亚洲人也不能忍受这种工作强度。阿曼介绍道：“之前我的团队里有高加索人。还有印度人，韩国人。但是实话跟你说——我要求非常高。我每天早上五六点就到办公室，周末也上班。我必须确保我们出成果。中国人也是这样的工作方式。他们工作特别努力。但是一些高加索人，他们不喜欢这样。这种方式似乎给他们带来很大的压力。”

像阿曼这样在科技和职业道德方面塑造独特的亚洲文化 DNA 的例子不在少数，中国文化 DNA 更是如此。不过，阿曼说结果证明这是对的。如果你统计一下发明和发表的论文数量，他的团队是电池部里成果最为丰硕的。按照阿曼自己的统计，他的团队在过去十年内大致获得了 120 项发明。他说：“第二名的团队落后很多。如果你拿论文来比较，去年我们大概发表了四十七八篇论文。一些教授，他们整个职业生涯里才能发表这么多。”阿曼本人加入阿贡后已经获得了 38 项专利。萨克雷以 24 项在部门内排名第二。当然，数量不是唯一的指标。但是，美国专利的获取难度很大。对于阿曼来说，数量代表了整个团队的水平。

弦外之音包括两个方面：在外国出生的电池科研人员更加勤劳，同时美国人本身在就业队伍的占比不高。电池圈的人士说，他们发布一个新职位的招聘广告后，在几十个应聘人员当中通常只有两三个是美国人。这个比例说明，无论资质如何，这几个美国人在众多的海外竞争对手面前常常相形见绌。

许多美国人似乎并不热衷于发明下一个大电池。美国人接受物理学、化学工程、材料科学等攻克电池难题的学科教育。但是，他们的理想职业通常在其他领域。他们可能会去硅谷的高科技公司工作。或者，即使他们从事电池行业，也不会搞基础研究。如果从事基础研究，他们基本都需要担任长达三年的博士后助理工作，这种工作既不稳定，又很辛苦，之后才能进入私有企业。

大多数外国学生也是相似的情况。20 世纪 90 年代，他们涌入美国的信息技术行业。高科技行业对工程师和其他专业人员的需求庞大。尽管所需的 H-1B 签证数量有限，计算机硬件和软件公司经常能够为外国人才申请到这类签证。从事这行的外国人才过得很舒适，甚至成为富翁。

但是，一大批外国学生也会对电池行业产生兴趣。也许，这里仍然是比例在起作用。由于外籍博士较多，所以未来的电池科研人员只占极小的百分比。不过，在国外出生的阿贡员工在个人和家族的传统期望方面有一个特征：他们希望为子女追求一种更有前景的新生活。对此，阿曼表示："我这样说并不想贬低其他学子，但高加索裔美国人，他们不想读博士，他们会读 MBA 或者类似的学位。比如，有一次我应邀去 MIT 做讲座。我敢说，在场的学生当中 70% 来自亚洲——中国、韩国、日本。我去过伯克利，情况也一样。"事实上，美国电池行业的外国员工在从事稳定的长期工作前，通常不只做一份博士后助理工作，而是同时做两三份的三年临时工作。阿贡的博士后研究员一年收入大概是 61000 美元，这在同行算是较高的薪资。实际得到一份全职工作后，他/她的起薪还会提高一点，然后定期加薪，再加上联邦实验室工作的稳定性，这份工作很有吸引力。但是这种待遇没有达到高科技行业的级别。他们希望自己与美国人和硅谷的移民都有所不同。

一旦你确定一辈子从事电池行业，一个简单的计算就能发现阿贡和美国其他的国家实验室对于这些外国博士具有特别的吸引力——美国电池行业的私有企业很少，所以获得 H-1B 签证的可能性也很低。另一方面，美国的国家实验室可以申请到无限的 H-1B 签证，因为在 2000 年，美国国会为非营利机构、大学和国家实验室通过了一个工作签证豁免条款。

国家实验室犹如缩小版的纽约曼哈顿下东区，不太像是人气旺盛的"熔炉"，更像是电池行业的移民建功立业的温室。如果他们的确功成名就并且愿意成为美国公民，他们就能如愿以偿。阿曼介绍说，"他们格外努力，非常聪明，还极其可靠"。为什么他的团队主要是中国人？他说，"原因就在于此"。

阿曼说他的用人战略也并不是屡试不爽。因为美国国防部只允许美国公民参与一些敏感的项目，而他的团队没有美国的成员，所以他丢了很多军事合同。不过，他正在逐步解决这个问题。六年前，阿曼自己获得了美国公民身份。他手下的两位摩洛哥裔研究员也成了美国公民，现在一位中国科学家即将申请成功。阿曼说："我想，在五年之内所有这些中国员工都会成为美国公民。这只是时间的问题。"

阿曼表示，最终看来他的用人偏好根本不重要。他说："阿贡的政策是唯才是用。和国籍无关。”当然，阿曼承认还是有例外——他就是根据国籍招聘员工的。这正是造成这种奇怪的现象——美国要想在全球电池竞赛中取胜，还得依靠来自竞争对手的科学家——的原因之一。

1996 年，库玛尔获得博士学位。最对口的职位是在柯达和施乐，这两家企业都在当地设有大型的研究实验室。但是，两个公司都没有相应岗位的招聘计划。然后，库玛尔看到一所大学发布了一个岗位：加利福尼亚州的一位教授需要一位博士后助理帮助他组建一家电池公司。那时，库玛尔还没有想过从事电化学这个职业。他也没有电池方面的技术专长。但是，这位教授力邀他加入，他表示，库玛尔将是他的第一位员工。教授相信，这家名为 Nanogram 的初创企业将会成功，并且让早期的员工发财致富。他们将运用纳米技术为医疗器械制造电池。库玛尔负责筹建整个实验室。他接受了这份工作邀请。

八年后，他们卖掉了 Nanogram，库玛尔作为股东拿到了 30 万美元，获得了他人生的第一桶金。他把这笔资金存进了银行。两年后，库玛尔成为 NanoeXa 的技术总监，这是第一家购买阿贡 NMC 专利许可的电池公司。

NanoeXa 的 CEO 迈克尔·帕克不是电池圈的专业人士，他出生于韩国，获得了哈佛大学的本科学历。他是一位商人，在吸引硅谷的投资方面得心应手。他曾经为研发电子游戏和燃料电池的初创企业筹集过资金。如今，帕克对锂离子电池产生了兴趣，他决定让库玛尔来带领公司获得这项优异的技术。

当初购买阿贡研发的这种材料时，库玛尔希望把它用于电动工具。他花了几个月的时间捣鼓这种 NMC 材料，然后为 NanoeXa 版的阴极申请了专利。不过，帕克认为这项许可是一种很有价值的筹码。于是，他找到一家叫做 Decktron 的韩国平板显示器生产商，向对方提出了一个方案：他希望用自己价值不菲的阿贡许可来换取 Decktron 的控股权。据他介绍，这项许可包含阿贡国家实验室六项专利的全球独家使用权，商业价值达到 2100 万美元。2006 年年底，双方完成了这项交易。帕克和库玛尔进入了 Decktron 董事会，帕克同时担任该公司的 CEO 和总裁。

问题在于阿贡的许可不是独家性质。它允许帕克为电动工具制造 NMC 材料，但是阿贡仍然可以自行将其专利许可授予其他任何个人或机构。不仅如此，阿贡禁止帕克将其许可作为廉价商品换取其他公司的股权。两年后，Decktron 破产，随后从韩国证券交易所退市。

库玛尔在银行里存下了第一桶金，所以对此并不担心。他和辛库拉开始创业。在此过程中，库玛尔发现自己在电池的原子级物理学方面有着杰出的天分。

第 17 章　芝加哥的魅力

万钢部长曾在其导师的劝说下离开德国，回到了祖国。我们可能会由此推断，在美国从事电池研究的中国人也会回到中国。如果他们的确受到祖国的吸引，回国发展，那也是合情合理的。如果在美的一些中国籍核心科研人员回国，其他国家的移民也回到各自的国家，那么美国的科研团队将会“人去楼空”。

然而，实际情况并非完全如此。中国政府的激励措施正在吸引越来越多的中国留学生回国发展，但是这种归国潮基本上不涉及阿贡国家实验室的员工。在阿贡的外籍研究人员中，有两位韩国人在阿贡工作了几年后回到韩国，其中一个原因是他们的子女在韩国能够受到优秀的公立教育。相对而言，在阿贡工作的中国和印度科学家似乎并没有认真想过回国计划。

陈宗海（音译）今年 38 岁，是一位来自福建省产茶地安溪县蓬莱镇的研究员。他说，中国的实验室在网络招聘广告中开出 100 万元的年薪，这相当于一年 16 万美元的薪资，比他现在的收入高出 50% 。这些新的职位面向职业发展中间阶段的科学家，旨在填补因历史原因而导致的一代科研人员的匮缺和真空。陈宗海介绍说：“老一代研究人员退休了，年轻一代还没有准备好接班。所以，他们提供丰厚的待遇吸引海外留学生回国。”

陈宗海说，薪资确实很诱人，但是在西方生活了十多年，他已经育有两个小孩——一个六岁的女孩和一个九岁的男孩，单单高薪并不足以让他离开阿贡。宗海补充道：“我两个小孩必须把中文当成一门外语来学。如果我女儿现在开始学中文，她的中文阅读水平可能没到一年级。她得快速追赶。”

几位中国员工都提到这个语言差距，这对于已经美国化的孩子来说是一个巨大的困难，因为如果回国，他们将和长期在中国生活和学习的同学一起竞争。他们的小孩可能完全无法取胜，他们不准备打这个赌。今年 48 岁、来自安徽省的杨仁——从事高级光子源研究——说：“如果你想做出一流的科研成果，这里是最好的选择。”

阿曼团队的大部分成员是中国人，这让一些主管感到忧虑。他们的故事在美国移民当中司空见惯，阿贡的主管说，中国员工不太和其他人来往，没人知道他们在做什么，在想什么。有一次从餐厅回办公室的途中，一位美国的博士后助理说卡哈里尔的员工工作非常非常出色，“但是”，他补充道：“我对他们国家的文化充满好奇”。阿曼的打算是，“我今年如何才能发表十篇论文?”这位美国人接着说，“达成这个目标最简单的办法是招聘中国籍的博士后。但是，国家的长期战略使命怎么办？从本质上说，我们是不是在为竞争对手培养运动员?”

其他人对阿曼的招聘和工作方式有看法，不是没有道理的。之前我们介绍过阿曼曾坚称萨克雷的 NMC 专利剽窃他的想法，并且禁止员工和阿贡国家实验室的其他人交流。但是阿曼之所以采取这样的举措，有他的理由。如果你想了解他，你必须要知道他在日本的经历。在美国，阿曼发现这里的创新经常无“用武之地”。某所大学的教授完成一项发明，申请一项专利，然后继续下一个创意。在大多数情况下，这项专利都会无人问津。如果碰巧有公司发现这个专利，这所大学会乐意将专利的独家使用权以几十万美元的价格出售给这个公司。阿曼接着说，两年后，你可能发现这个产品已经上市，这个公司开始从中获利。单从收益的角度来说，发明者在下一次遇到好点子时会失去继续研发的动力。当你眼睁睁看着别人从你的辛勤劳动中获利，你会觉得这比让这项专利商业化还要糟糕。

日本的大学注意到“金点子”的稀缺性。如果企业主动来电洽谈，日本大学比美国大学更善于讨价还价。

阿贡雇用了大约 3000 名科学家，但是阿曼发现这个国家实验室的知识产权部却小得惊人。实验室似乎喜欢把那些杰出的发明束之高阁，置之不理。除了对科学的商业化缺乏自信或者纯粹的敷衍塞责，没有其他的理由可言了。无论是哪种理由，阿贡的 IP 团队在为实验室的发明授予许可时都缺乏主动性。所以，阿曼决定建立一套日本式的科研机制。阿曼按照他在日本京都学到的发明体制管理他的员工。他迫使下属研究人员组成一个研究小组。在他的指示下，该小组为解决一个化学难题系统地尝试每一种可能的方法，必要时甚至多达数百种方法。然后，他们就能在论文数量、专利数量、企业界关注度等方面创造纪录。

阿曼在谈到下属的一位中国籍研究人员时说：“每次你给他安排一项实验，他都会很快完成。两天后他就能给你结果。但是对有些人，这个任务就像拔牙一样痛苦。”

批评阿曼的人士指责他借用别人提出的好点子，然后融入他自己的灵感火花和高效成员的努力，再提出专利申请或发表新的论文。他们会暗示这就是“盗窃”。但是，在日本或者亚洲任何一个制造业大国，他的方法都会被认为是公平的，甚至合理的。日本、韩国等国坚持融会贯通、不断投资，坚信最终将打造一个有利可图的产业。阿曼只是在效仿日本的做法。

正如批评人士评判阿曼一样，阿曼猛烈抨击了美国行业和国家实验室的惯常做法。他说，西方科学家提倡想象力，那样的结果“要么是水中捞月，要么是一事无成。所以，他们终究是一无所获”。他自己准备循序渐进，一步一个脚印。他不断筛选人员，只留下那些志同道合的人。换言之，他只有中国和摩洛哥这两个国家的下属。

从表面看，阿曼的招聘方式有点种族主义的味道。他的管理风格属于独断专行的类型。尽管如此，阿曼既不违背伦理，也不抱有偏见。相反，他利用一切机会观察别人的进展，能够敏锐地找到并解决各种缺陷。对于印有他的名字的产品，他更是不遗余力地推广。在这些方面，他和其他无数成功的美国人何其相似。

陆俊（音译），一位从事超前的锂空气电池研究的科学家，为阿曼的日式科研管理理念辩护。陆俊和妻子余藤萍（音译）都在阿贡工作，他们在芝加哥地区没有其他亲戚。他表示，“正因为如此，我们有了更多的时间专心搞科研”。阿曼的团队“成员工作更加努力”，但那只是一个方面，陆俊补充道，“如果你想成功，你必须要有想法，你必须要有共识”。

当然，阿曼团队也有一些怨恨。毕竟这是在美国，而非日本。他的团队里有些人不能理解自己为何在阿曼的研发机器里只做个齿轮，而不是独立的革新者和思想家。阿曼手里握着杀手锏——美国签证和获得美国公民身份的机会。科研人员可以在自己通过辛勤研究而写成的论文上署名。但是，阿曼的优秀员工当中仍有一些人对他的团队管理方式非常反感，认为这是失去人身自由的奴役。阿曼有两位最杰出的科学家，两人都是 NMC 的主要研究员，在他手下度过一段痛苦的时光后最终返回了韩国。阿曼以“伯乐”自居，他觉得自己能够慧眼识才，善于激励员工。不过，他的“高产”管理方式也有失效的时候。

电池部的中国科学家和部门其他人存在一些分歧。阿贡的科学家经常互相串门的历史早已过去。2011 年，张伯伦已经在这个国家实验室工作了五年，却从没举办过聚会。在搞电池研究的同事当中，几乎没人去过他家。一位行政人员听到她的上司提及和某位同事聚餐的计划，耳朵都竖起来了。这是她第一次听说实验室的管理人员搞社交活动。她很好奇为什么这里的娱乐活动这么少。原因并不是这些科学家不够友善，而是他们之间隔着一条无形的鸿沟。安迪·杨森和凯文·盖拉格两人都是电池研发人员，他们为部门的同事举办过后院烤肉晚会，但亚裔同事极少参与。有一次，年轻的工程师盖拉格带一位名叫康孙赫（音译）的韩国科学家参加聚会，杨森问他之前怎么没有参加过活动。

康孙赫回答说：“我从来没受到过邀请。”

康孙赫在年轻时期住在首尔，渴望了解世界。他父亲是一位建筑分包商，依靠租赁自有的几辆叉式升降机养活一家人，从来没有出过国。他的姐姐康恩珺（音译）虽然是一位著名的流行歌曲作词人，但也没有出国经历。一位韩国教授推荐康和自己认识的一位物理学家——古迪纳夫联系。当时，古迪纳夫是德克萨斯大学奥斯汀分校的教授。这位韩国教授此前有个学生在这个电池先驱手下担任博士后助理，现在准备离开，所以古迪纳夫的实验室可能会有一个空缺。

康孙赫发过邮件后，古迪纳夫很快就回信说，只要他愿意加入，这个职位就是他的。康孙赫回忆说，“不知为何，他觉得韩国学生——从我这所大学出去的学生——都是人才。”

康孙赫携妻子和女儿抵达德克萨斯州奥斯汀市后，发现这里的生活成本很高——他每月的薪资是两千美元，交完八百美元的房租后所剩不多了。不过，能和古迪纳夫共事本身就是一种收获。康孙赫发现他这位新的导师“简直就是一位天才”。

他们见面后古迪纳夫问他：“你想做什么?”康孙赫从来没有研究过锂离子，所以古迪纳夫给他安排了一项任务：有一位访问的科学家准备向《自然》杂志投稿，但是古迪纳夫怀疑他的实验结果。

他对康孙赫说：“你试试能否得出相同的结果。”

康孙赫汇报了自己的实验结果后，古迪纳夫得出结论：那位科学家的论点纯属造假，他想欺骗《自然》杂志。他的论点无法在古迪纳夫的实验室里得到证实。

康孙赫说，“我的好运就此开始了”。接下来一年半里，他和古迪纳夫一起研究阴极和超级电容器——能在短期内供应大量电力的能源储备设备。康孙赫自豪地表示，“我的名字和他的名字一起出现在论文上，对我来说是一种荣誉”。

一天，康孙赫在古迪纳夫的办公桌上看到一份通告——阿贡一个职位的招聘通知。康孙赫第一次说明了自己的财务状况。

教授回答说：“我没有资金来给你加工资。”

康孙赫说：“我理解，所以我想应聘那个岗位。”古迪纳夫把通告递给了他。

曾经招聘萨克雷和阿曼的主管唐·威瑟斯热情地答复了康孙赫。康孙赫搬到了芝加哥，加入了卡哈里尔·阿曼的团队，薪资比在奥斯汀的时候多了一倍。

可是，不久之后，康孙赫就觉得自己像是“一匹役马”。他不断重复相同的任务，帮助阿曼检验一个又一个理论，获得一篇又一篇论文或者申请一项又一项专利，但“并没有引起任何改变”。这位摩洛哥人经常出差，却不给下属提供参加国际会议、与同行交流或者塑造个人品牌的机会。阿曼的下属也没有晋升的机会。康孙赫可以预见，如果他按部就班地工作，直到退休仍然是一位研究科学家。康孙赫缩到自己的小世界里——“他只想做个小人物”。他说，“也许这样听起来怪怪的。但是我就是这个心态。我对这个团队没有什么期望。”

当时的部门主任把康孙赫调到另一个主管的团队里。不久，康孙赫就取得了优异的成果，包括在 NMC 2.0 版的研发项目中承担重任。在萨克雷的指导下，康孙赫从 NMC 材料中发现了其他人未能发现的本质特性。最后，他还结交了一些挚友，尤其包括那位年轻的工程师盖拉格。但是，这一切来得太晚了。康孙赫希望从事应用科学研究，“为日常生活做出贡献”。阿贡的工作似乎离这个愿望过于遥远。

正在此时，他出席了一场由三星 SDI 株式会社 CEO 朴商镇在芝加哥主持的晚宴。SDI 是韩国三星集团的电池事业部。宴会的主题之一是创新。康孙赫说：“我在阿贡不会单枪匹马，我知道如果找到合作伙伴，工作起来更快捷、更有效。”朴商镇表达了类似的意思——“一个好汉三个帮”。

这场宴会对于朴商镇意义重大。三星已经超越日本同行，成为全球最大的电子产品专用锂离子电池制造商。当时，三星还希望研发和拓展汽车专用的高级电池，以挑战日本在从储能到消费品的整条商品链上的主导地位。作为现任“霸主”，日本在全球电池竞赛中仍然独占鳌头——他们拥有一流的实验室，在生产领域领先世界 15 年，品牌在全球享有较高的知名度。但是，三星正在全球电池市场上抢占越来越大的份额。就汽车专用电池而言，三星在研发具有十年使用寿命的阴极方面缺乏专业技术。康孙赫参与过 NMC 2.0 版的研发项目，似乎是三星这个研发项目的理想带头人。朴商镇邀请康加入 SDI，担任副总裁一职。这正好符合康孙赫的想法，因为他“不想在某个地方做一个小人物”。

他和家人准备回到首尔了。

考虑到他在阿贡的职位，这种跨越式的发展令人震惊。他回顾了过去。十一年前，他离开韩国，探索世界。在阿贡，他加入阿曼的研究团队，对担任一个下属职位感到痛苦不已。如今，他回到故国，变身成为韩国三星电池研发团队的主管之一。康孙赫说，“他们希望我来解决这个问题。”他将“重塑行业，挑战自我——我能一举成名吗?”

即使是在参与阿贡 NMC 2.0 版项目时，康孙赫也觉得他的创造力并非很突出。康说，“我希望这，希望那。但最终只是在执行。我所做的一切都是以开放为主。”他接着说，为了实现创新，“人们首先应该极度绝望。否则，他们不需要创新。”

康孙赫认为，美国比世界上绝大部分国家更有潜力，因为美国人从小就养成了基本的素质，他们在争辩和讨论方面训练有素。不过，美国人也有缺陷：他们不够绝望。“他们不准备失去一切”。阿贡的高级科学家在帮助年轻下属员工取得未来重大突破方面所做的准备工作太少。萨克雷和阿曼等人应该定期给年轻的科学家安排风险性和挑战性的项目“试试身手”。

康孙赫说：“这就好比狮子训练幼狮一样。身为父母的狮子将小狮子推下悬崖，看看它们能否独立生存。”这种机会在阿贡还不够多。他们的目光有点短浅。无论如何，初级科学家将会接替萨克雷和阿曼。

但是现在，康孙赫开始在三星施展自己的抱负了。

第18章　冲击IPO

每次开展新的实验之前，阿贡的研究人员都要撰写安全报告，篇幅一般是20页左右。做实验时，他们穿着特殊的实验室外套，有时白色，有时蓝色，还要戴上硕大的塑料防护镜。科研人员把手伸进手套工具箱前，先要戴上外科手套，以增加一个保护层。如果他们想在晚上七点后加班，必须获得专门的批准。这些条条框框都是华盛顿制定的。张伯伦推行合规性，坚持所有工作人员每天高高兴兴上班、平平安安下班的理念。没有人抱怨，至少在公开场合不会抱怨。

Envia没有强制研究人员使用防护镜、实验室外套、额外的手套。无论任何时候，只要灵感来了，这里的研究人员都可以开展实验，不需要事先提交任何安全报告。许多人认为这种散漫的管理风格将帮助Envia发展成为下一代电池的领导者。库玛尔觉得这个说法或许有道理，但如果他真要为战胜亚洲企业巨头出一份力，这样还不够——他还需要更多的资源，特别是美国能源部的资源，所以他请求能源部提供更多的支持。要想汽车行业认真对待你的科研活动，你必须大规模地制造材料——以成吨规模的批量生产材料。库玛尔申请了一笔3000万美元的贷款，用于建造一个工业级的试验工厂，该工厂的产能可以满足汽车制造商的需求。

库玛尔的财务投资人卡帕迪亚表示，如果按照奥巴马的预期，到2015年美国有100万辆电动汽车上路，这些汽车在哪里组装并不重要。Envia将向全球各地的汽车制造商出售产品，而奥巴马应该为这个宏图大志提供支持。关键要确保“这些汽车包含尽可能多的美国部件”。那样将推动这个领域迅猛发展。卡帕迪亚说，“它将巩固现有的制造基地”。卡帕迪亚介绍道，美国发明了20世纪70年代、80年代、90年代的阴极和阳极，但是大规模生产却转移到了他国。现在，美国有机会在本土创造更多的发明，并且让制造业收获硕果，以满足最近十年的市场需求。

卡帕迪亚有这样的想法，说明他不了解这场电池竞赛。制造地球上最先进、最精致的汽车确实让人激动不已，但美国人不可能团结一心，共同追求供应汽车部件的目标。然而，卡帕迪亚直言不讳地表明他的观点：如果美国能源部不为这个试验工厂提供资金，其他人会的。来自日本、韩国、中国，甚至布鲁塞尔的竞争对手都可能购买 Envia，然后建造自己的工厂。他解释说："你只需花十分之一的成本就能在中国建厂。"

卡帕迪亚正在推进一个威胁——Envia 准备以这样或那样的方式制造电池组件。阴极的发展历史显示，它的知识产权存在被外国竞争对手获得的风险。

2011 年年中，张伯伦从几个来源获悉，几家亚洲公司已经启动非正式的竞标计划，准备收购 Envia，以达到上述目的。这些公司打算以大笔资金整体购买这家初创企业——据报道，收购金额高达数十亿美元。张伯伦听说 Envia 愿意接受收购，对此他并不感到惊讶。卡帕迪亚的警告代表了硅谷的现实。Envia 是一家初创企业，曾获得风险资本投资者为它提供的资金。现在，投资者渴望得到出售股权的机会。通常，风险资本投资者在注资不超过五年后就会想方设法"退出"投资项目。他们不管这家初创企业是否做出了一种真实的产品，而是将如何在经历风险后收获成果摆在首位。有人用"拉高出货"（pump and dump）或"逢高卖出"（hype and release）这些直白的术语来形容风险资本的这个特性。卡帕迪亚可能夸张了或者纯粹在虚张声势。张伯伦说，他一直认为谈判桌上的对手总会有点言过其实。但是他听到太多的公司如此直言不讳，所以不得不认真对待这些传闻。

大概在此时，库玛尔将一张幻灯片投放到会议室的屏幕上。这张幻灯片来自于 Envia 最近的一次演示报告。那次报告之后，日产汽车同意和 Envia 签署一份价值 70 万美元的 NMC 2.0 版阴极开发合同。另外一张幻灯片展示了 Envia 的第一代 NMC 版本。表示一种电池是否经济的典型指标是一小时稳定产生 1000 瓦电（例如熨烫衣服所需的电能）所需的成本。据库玛尔介绍，Envia 的阴极可将电池成本降低至实验室级别的 250 美元/千瓦时，还不到该阴极投产时的现行市场价格的一半。Envia 承诺下一个产品能将成本进一步缩减到 200 美元/千瓦时，这是非常大的进步。按照计划，库玛尔正在开发的超级电池将有望达到 180 美元/千瓦时的成本。库玛尔对日产汽车表示，他能在大概 18 个月后实现预期目标。据称，通用汽车公司目前在 Volt 汽车电池上花费的成本是 650 ~ 750 美元/千瓦时，总计 12000 ~ 14000 美元。所以，库玛尔包括期限在内的承诺极其大胆。美国能源部负责电动汽车电池研究事务的主管戴维·霍伟尔要求研究人员在 2014 年或 2015 年前将成本降低至 300 美元/千瓦时。他的长期目标是到 2022 年达到 120 美元/千瓦时。但是，库玛尔表示他只需要一年半的时间，就能将电池成本减少四分之三，并且将 Volt 电池的成本降到 3000 美元左右。

从这些数据中你就可以理解亚洲企业为何如此狂热地追捧 Envia。美国企业一般对 Envia 都是模棱两可的态度。库玛尔觉得这让人伤心、失望。美国政府为建造六座全新的锂离子电池工厂拨付了大约 20 亿美元的专款。没人能够预测有几家工厂将持续运营下去，但事实上，大多数工厂都没有自己的知识产权。在库玛尔看来，这些工厂应该渴望获得 Envia 的电池材料。但是，对于他们的无动于衷，他说："我认为我的职责不是说服他们，我的工作是制造产品。"

美国企业界仍然对 Envia 表达了兴趣：库玛尔收到一家美国公司的邀约——来自马萨诸塞州的电池初创企业 A123 向 Envia 发出了 1.25 亿美元的收购方案。另外，德国和日本几家公司也提交了各种方案。但是，此时 Envia 的管理层决定在买断交易的讨论中保持冷静。这家可能成为美国未来最大电池客户的公司正面临着众多买家的狂热追求。

第19章　通用汽车悍将

乔恩·劳克纳是第三代底特律人。他的父亲在雪佛兰工作了30年。他的祖父曾在费希博德工作，该公司现为通用汽车公司的车身事业部。劳克纳本人曾在斯坦福大学商学院就读，后来回到通用汽车公司。劳克纳担任通用汽车旗下风险投资部门GM Ventures的总裁㊀。他留着棕色短发，戴着时髦的眼镜，略显高傲。他的办公室很大，铺上了地毯。2006年，他拿出一支水笔和一个笔记本，完成了16千瓦时动力传动系统的设计图和经济分析，整个过程一气呵成。五年后，这个系统被应用到Chevy Volt概念车上。这款插电式混合动力车融劳克纳的电池和汽油发动机于一体，其中的电池为一个149马力㊁的电动发动机提供电能。在电池的电能用完后，84马力的内燃机开始运转。Volt汽车旨在彰显通用汽车公司在顶尖技术和风格方面的竞争实力，该车型荣获美国《汽车族》（*Motor Trend*）杂志2011年度车大奖，被该杂志称为“月球探测器”。尽管Volt汽车提升了通用汽车公司的形象，但它的销售情况并不理想。它的售价是41000美元，大多数车主对它一次充电行驶40英里的性能没有心动。研究表明，40英里是美国车主平均一天的最大行驶里程。但是，实际上潜在的汽车购买者希望价格更低、里程更大，并且可以随时随地充电。如果达不到这些要求，大多数消费者就不会购买Volt或任何其他品牌的电动汽车。

关键在于电池——通用汽车公司除了介绍Volt的电池包含第一代NMC化学材料和萨克雷的突破性尖晶石外，没有披露电池的详细组成结构。Volt的电池可靠、稳定，尺寸较大——仅使用了16千瓦时中的10千瓦时；单体电芯由LG化学制造，电池包装由通用汽车公司生产。电池需要具备技术上闲置的容量，以便符合汽车驾驶人真正的驾驶方式，包括每次等到基本用完电能还要快速加速的习惯等。

㊀ 劳克纳同时兼任通用汽车公司的首席技术官，即CTO一职。——译者注

㊁ 1马力约为0.735千瓦。

锂离子电池的电能快要用完的时候，电子开始拒绝脱出，此时汽车的反应将变得迟钝；解决方案之一就是使用辅助能源——Volt 备用的 6 千瓦时，这样你踩下汽车油门后电子将继续快速移动。然而，这个备用方案增加了成本，因此，即使车主很少买汽油，省下来的燃料费用还是比不上高昂的车价。

劳克纳预计未来几代的 Volt 汽车可以解决这个成本问题。到 2020 年左右，Volt 将能与纯汽油驱动的汽车竞争。不过，走到那一年需要毅力。他在通用汽车的一位同事坦言，“这就是竞赛”。劳克纳现在的目标是对计划于 2016 年左右上市的下一代 Volt 充分发挥技术改进的效果。他需要一种大幅改进的电池——不仅能将成本降低几千美元，还能提高汽车的行驶里程。他相信 NMC 2.0 版是他的最佳选择。

因此，劳克纳的举动史无前例。底特律的传统是与那些安全、成熟的大型供应商合作，这些合作伙伴的产品可靠，并且一般不会破产。但是劳克纳却选择了 Envia 这家籍籍无名的初创企业来制造下一代 Volt 当中最关键的部件。

双方的合作关系可以追溯到 2009 年 1 月。18 个月前，迈克・辛库拉和库玛尔筹到了起步资金，辛库拉成功地和通用汽车预约了一次会谈。库玛尔“真的很害怕”——他那时只有基本的实验结果，而且他还从没和潜在客户交流过，不知道透露那些数据“太早还是太晚了”。但是“至少有必要展示一次，看看他们有什么反馈”。

会谈在底特律郊外的通用汽车办公大楼的一间地下会议室举行。通过 20 多张图表，库玛尔介绍说他的改进版 NMC 阴极正在向高容量的目标迈进，还阐述了 Envia NMC 2.0 版的潜在优势。他预计对方会提出尖锐的问题，但通用汽车的人“非常给力”。过了一周多一点的时间，通用汽车研发部门的主管马克・威尔布鲁格发来邮件问库玛尔是否愿意寄一些 NMC 阴极样品给他？不久，库玛尔接到通知，威尔布鲁格后来去过阿贡，核查了他的说法。库玛尔把单体电芯寄了出去。

过了六个月，库玛尔都没有收到反馈。最后，威尔布鲁格打来电话说，通用汽车公司希望和 Envia 洽谈一项“联合开发协议”。初步的设想是用 18 个月合作研发库玛尔的阴极，努力达到几个重要的里程碑。威尔布鲁格知道，Envia 和其他现有的供应商不同，它在银行的存款不多。所以，通用汽车公司愿意为此支付 150 万美元。库玛尔说，这个条件让他感到备受尊敬，“Envia 意义非凡”。在一次加利福尼亚州的电池会议上，库玛尔发现自己周围都是通用汽车公司的新同事。他注意到其他供应商没有受到这样的关注，只能斜着瞥上几眼。

双方合作的初期结果不够完美——Envia 总是达不到通用汽车公司的几项重要指标。但是，Envia 达到另外几项指标后仍然“让通用汽车公司兴奋不已”。劳克纳负责通用汽车公司的高风险投资项目，他对 Envia 的印象特别深刻。他和库玛尔交谈后觉得对方是一个“天才”，他认为库玛尔和他所认识的顶尖的电池研究人员相比，有过之而无不及。劳克纳说，库玛尔介绍了通用汽车公司迄今所了解的

“最有趣的潜在新阴极材料，如果不是‘唯一’，就是‘之一’了”。如果大批量制造后通过实验验证，这种材料的性能将使第二代 Volt 汽车成为赢家。劳克纳说，他想要进行大手笔的直接投资。库玛尔感觉他是企图将 Envia 变成“以通用汽车公司为中心的公司”。

从 Envia 的角度看，劳克纳的计划来得正是时候。这家初创企业基本上已经破产了。库玛尔几乎耗尽了 320 万美元的起步资金。此后，Bay Partners 和 Redpoint Ventures 对 Envia 投资了 700 万美元，但也差不多用完了。卡帕迪亚在印度休假时接到库玛尔的紧急电话，库玛尔说，公司已经濒临破产了。库玛尔接着说，“你开第一张支票时说过‘我会一直支持你的’。现在我需要你过来帮助我”。他和多家公司举行过严肃的讨论，但没有公司愿意签署许可协议，Envia 的现金流必须坚持到一家或更多的公司与之签订协议。他补充道，“请再给我三个月的支持”。

卡帕迪亚提前结束休假。回到美国后，他发现 Envia 的研究人员情绪低落。大家都在谈论与贱卖库玛尔的原创成果有关的话题。卡帕迪亚把整个团队召集起来，说了一句让在场所有人刻骨铭心的话：“我们绝不出售!”大家士气高涨。通用汽车公司随后便找上门来。

卡帕迪亚马上意识到通用汽车不是“一般的投资者”。正如库玛尔的电池材料有望拯救第二代 Volt 一样，Envia 也可能借助与通用汽车公司的合作关系获得新生。

劳克纳提议由 GM Ventures 领投 1700 万美元的新一轮投资。通用汽车公司将投入最大的份额——700 万美元。库玛尔和卡帕迪亚表示同意。其他 1000 万美元来自于两家日本公司。旭化成株式会社和旭硝子株式会社都是电池材料的大型供应商，堪称 Envia 理想的战略合作伙伴。现在库玛尔既有资金，又有业界信誉，他可以专注于科研工作，而不仅仅顾着生存。

初创企业都不尽完美，通用汽车公司的团队也不是十全十美。劳克纳没有受过专门的风险资本投资训练；团队其他成员也不是专业投资人。劳克纳的下属员工阿尼什·帕特尔表示，他们“不像（Envia 的其他投资者）一样是专家或者资深的风险资本投资人士。这对我们来说是一个重要的学习过程。”话虽如此，卡帕迪亚和库玛尔发现劳克纳是一位精明的商人，更重要的是，他非常真诚。他们信任他。

劳克纳面临的最大挑战是来自通用汽车公司内部的阻力。在通用汽车公司每一场围绕新车型的争论中，工程师几乎都是最有权力的主管。他们在公司内担任最严苛的职位，因为他们要负责确保新车型在上市时完美无瑕。消费者、媒体和华尔街对待任何严重的缺陷可是毫不留情面的。所以，汽车巨头基本上都是完全依赖于长期合作的零部件供应商，这些大型企业和初创企业不同，不会轻易夸大某个产品的性能，那样将危及其他更大的产品系列的销售。采购多变的锂离子电池产品时，汽车制造商只与日韩的大型化工企业签署独家合同。这些合同的金额可能高达数十亿美元。为了赢得合同，供应商需要经历一个让人筋疲力尽的认证过程，这个过程通常要持续多年。不仅要认证供应商的稳定质量，还要考察基本健康度——任何汽车制造商都不会和一家看似岌岌可危的公司签约。为此，供应商的财务实力要经受全面的检验。

这些工程师说，初创企业是经不住这种审查的。Volt 汽车的电池组由 NMC 和萨克雷的尖晶石制造而成，供应商是 LG 化学。该公司获得了美国政府的激励基金，已在密歇根州的特洛伊市建立了一家工厂。通用汽车公司的工程师支持下一代 Volt 采用 LG 研发的一种电池。这种电池融合了 NMC 和古迪纳夫研发的磷酸铁锂。他们断然反对与 Envia 达成任何许可协议。

工程师和风险资本团队之间的猜疑越来越深。工程师建议的组合在质量上不如纯 NMC，因为每单位质量的磷酸铁锂产生的能源更少。但是按照工程师的计算结果，两者的性能相同。劳克纳的团队认为，“有人为了自身利益篡改了数据”。从工程师的立场看，他们似乎怀疑劳克纳有失公允，因为他促成了通用汽车公司对 Envia 的 700 万美元投资。LG 的一位高级研究科学家当着卡帕迪亚的面向通用汽车透露，如果不是因为 Envia 的技术“不如宣传的那么有效”，[㊀] 他早已建议 LG 收购 Envia 了。后来，库玛尔建议卡帕迪亚不要理会这些评论，韩国人纯属嫉妒一家初创企业争夺 LG 的部分业务。无论如何，目前通用汽车公司的工程师占据上风——通用汽车公司不会购买这家初创企业的专利许可。

劳克纳本人对 Envia 的外国竞购者避而远之。他觉得，如果 Envia 要被收购，他更希望购买者来自美国。

比起他和工程师之间的问题，他的态度有更深层次的原因。就在两年前，通用汽车公司提交了破产申请，需要 490 亿美元的联邦援助资金才能维持运营并且开展重组。最终，美国政府拥有通用汽车公司 61% 的股份。2010 年，通用汽车公司完成了 200 亿美元的 IPO。如今，美国政府仍然持有公司 32% 的股份。通用汽车公司的管理层对此十分烦恼，所以对承担新的长期债务极其谨慎。即使是明智之举，通用汽车公司也不会收购电池公司，因为坚持精益管理、专心造车比什么都要安全。劳克纳是 Envia 董事会的成员，像商业合伙人一样了解库玛尔、辛库拉和卡帕迪亚三人。但是，在收购供应商方面，他无法逾越通用汽车内部根深蒂固的反对意见。

如果现在问劳克纳潜在收购的问题，他会转移话题。库玛尔猜想他是在静观其变。这位通用汽车公司的悍将非常警觉：倘若有外国公司正式提出收购，他会迅速采取行动，让 Envia 留在美国或者至少保障通用汽车公司如愿采购 Envia 的电池。但是，如果真有一天 Envia 要选择收购方，劳克纳最终似乎还是会依靠 Envia

㊀ 民事诉讼 RG13704405，由卡帕迪亚等人向阿拉米达县高级法庭提起，第 12 页。

的忠诚。他希望他的早期支持能给通用汽车公司带来回报。

卡帕迪亚说很难理解美国私有企业为何不希望让 Envia 留在国内。他给张伯伦打了电话，看他是否愿意调动他在美国电池行业的人脉竞购 Envia？卡帕迪亚心想，阿贡的科学家既是“NMC 之父”，也是全球电池竞赛的先锋，他们应该会觉得有义务帮助 Envia 留在美国，毕竟 Envia 致力于推动 NMC 材料的商业化。

他猜对了。张伯伦接到卡帕迪亚的电话“感到很荣幸”。他说，在内心“我真的笃信不移。我觉得具备这项技术的制造能力对这个国家有所帮助。”另外，张伯伦渴望有机会“证明我们在实验室研发的东西能在实验室外发挥重要作用”。从阿贡到 Envia，再到一家更大的制造商，三者之间是一条直线。如果 NMC 能够顺利打通这条通道，个人也将获益——“我个人的机会”。而且，这让人兴奋。他表示，“我能从交易中受益。我能感受到一股冲动。”

看到通用汽车公司仍在犹豫，张伯伦知道首先该给谁打电话了——巴斯夫。这似乎有点鞭长莫及，但张伯伦说，即使巴斯夫总部在德国，它在美国本土开展业务时似乎就和本国企业没什么两样了。事实上，三年前他就已经开始推动巴斯夫和 Envia 实施这项收购交易了。当时，张伯伦推算这笔交易可能达到 2000 万美元。但如今，张伯伦听说收购方的报价是当时的 10 倍。

在与两家美国企业和三家有收购意向的外国公司做过相似的交流后，张伯伦向巴斯夫解释说，Envia 实施了一项极其精明的战略。它没有通过大型化工企业等中间方销售电池，而是直接找到最终用户——汽车制造商。Envia 缺乏大批量制造电池的能力，它的技术还没有做好商业化的准备。但是，这家初创企业已经向丰田汽车、本田汽车、日产汽车和通用汽车敞开了大门。

在张伯伦最熟悉的半导体行业，供应商最有价值的财产是“规格表”——一份符合公司产品标准所需的精确指标说明。根据规格表，可以为一位大的采购商定制某个部件。但是，规格表都紧紧攥在芯片制造商手里，他们担心竞争对手会想方设法获取内部资料。

张伯伦觉得汽车制造商会更加守口如瓶。它们几乎不可能透露规格表。然而，库玛尔还是拿到了四家全球汽车制造商的规格表。这位 Envia 的创始人耗时多年才如愿以偿，现在他对丰田汽车、本田汽车、通用汽车和日产汽车的技术需求了如指掌。这四家公司都谈到了如何将库玛尔的科研成果商业化的话题。所谓科研成果，是指这家 30 人的初创企业的电池技术。张伯伦表示，Envia 比起巴斯夫、陶氏化学和杜邦更具竞争优势，这三家化工企业“在销售、市场营销以及对客户需求的理解方面就像机器一样准确”。

根据自己听到的信息，张伯伦估算了一下 Envia 管理层可能从收购中得到的收益。风险资本现在持有这家公司 46% 的股份。库玛尔的股份已经被削减到 10%；辛库拉的股份甚至更少。即便如此，如果 Envia 的售价达到几亿美元，两人还是都将会获得一大笔财富。卡帕迪亚作为 CEO 也拿到了股份。但是，当张伯伦与库玛尔和卡帕迪亚探讨这个话题时，他们表示很惊讶。他们说，为什么啊，我们真的从来没有计算过。他们的回答是："我们只希望这个技术取得最大的成功。"

这位阿贡的管理者心想，他们应该这样跟我或者外界其他人说。但是，这些话都是胡说八道。库玛尔和他的合伙人事实上花了很多时间计算各自的收益。卡帕迪亚聘请高盛和摩根士丹利为独立顾问。他和库玛尔都说过，只要条件对他们有利，他们就赞成出售公司。但是要想将其中一位感兴趣的汽车巨头变成真正的买主，他们需要把技术再提升一点。

他们还可以冒一个更大的风险，去证券市场融资。他们可以通过 IPO 发行股票——硅谷的初创企业希望兑现多年的辛苦奋斗时，通常都会选择 IPO。他们明确知道 IPO 应该筹集多少资金。库玛尔说是 10 亿美元。

库玛尔和卡帕迪亚两人的目标正是 10 亿美元的收益。

一天深夜，张伯伦给库玛尔的创始合伙人辛库拉打电话。他说："你看，为了操作这件事，我要压上个人的声誉。"意思是指激发美国人对 Envia 的兴趣。"你得告诉我，你们的东西是否真的值那么多钱。"

辛库拉回答说："如果 Envia 的技术不好，为什么丰田汽车、本田汽车、通用汽车都跟我们说 Envia 的技术真好呢？我不会糊弄你的。我们真的有这样的技术。"

随后张伯伦表示："在某种程度上，我不得不相信这点。"

他又开始推广他那个激励人心的口号：为美利坚合众国尽绵薄之力。他相信，如果 Envia 迁到亚洲的话，将必定对美国不利。

第20章　人才“贝”出

一些人说电池的问题在于到目前为止还没有人认为自己急需电池。消费者和汽车制造商都没有表明他们需要一种大为改进的电池。如有需求，市场可以供应这种电池。

如果这种观点属实，只需宣布发生了一次商业危机，就可以赢得这场电池竞赛。其余都将由时间来证明。但是，阿贡国家实验室的副主任皮特·里特尔伍德认为事实并非如此。电池的问题比语言和经济神学层面的问题还要深得多。这是一个宏观问题，需要一个宏观的答案。

里特尔伍德将责任主要归咎于这个行业本身。由于“人们停业”，原本可以推动开发变革性发明的公司将这些发明拒之门外。索尼仍在不断改进电池产品，但每年的增长率只有几个百分点。消费者愿意接受当前这种改进的节奏也是造成这个问题的原因之一。但是，考虑到电池行业几十亿美元的投资和预期的利润，根本就没有理由追求重大的飞跃。他说：“其实就是微软的模式。既然你可以不断卖给人们升级版，为什么还要编写更好的软件?”由于这种职业上的自我毁灭性，所以电池面临着灾难。里特尔伍德说：“你只要打开那些该死的东西，里面简直一团糟。我是说它们惨不忍睹。”

里特尔伍德曾担任贝尔实验室（简称贝尔）理论物理部的主管。他还是美国国家实验室和能源部的科学与管理领导团队内部圈子的成员。这个团队由贝尔的前任高级科学家和主管组成，他们将私有部门的前任雇主视为科研管理的模范。阿贡的主任埃里克·艾萨克斯是里特尔伍德的上司，他以前也是贝尔的老将。美国另外两个国家实验室的主任以及能源部的首席科学家比尔·布林克曼和能源部部长朱棣文都是贝尔的前任员工。其中，1997年，朱棣文因为在贝尔的科研成果而获得诺贝尔物理学奖。

里特尔伍德离开贝尔后，担任剑桥大学卡文迪许实验室主任。20世纪50年代，该实验室的弗朗西斯·克里克和詹姆斯·沃森发现了DNA的双螺旋结构。但里特尔伍德在2011年加入阿贡国家实验室后，他却求助于贝尔。他说，如果

AT&T 最初从事的是储能而非电话业务，我们今天的电池技术可能截然不同。必要的话，贝尔会耗费多年的时间探索电池化学最细微的基本因素以及各因素之间的互动方式。它会绘制一幅路线图——电池的精确电化学晶格结构。然后，它会逐个排除一个难题的各种可能的解决方案，直到最终解决这个难题。贝尔曾经涉足电池研究后取得的成就就是明证。20 世纪 70 年代末到 80 年代初，贝尔一位名叫萨玛尔·巴苏的研究员研发出第一个石墨烯阳极，该阳极后来由摩洛哥研究员拉希德·亚扎米改进，然后结合古迪纳夫的钴酸锂阴极，为当今的标准锂离子电池奠定了基础。里特尔伍德表示：“我们没有那样做，所以我们陷入了现在的这种混乱当中，所以你看到各种乱糟糟的提案，都是想在几年内就搞出成果。”他接着说：“我们之所以迫不及待，是因为能源问题离我们太近了，我们不得不解决它。但是，我们还没有完全理解电池的工作方式。”

1980 年，里特尔伍德研究生一毕业就加入了贝尔。他的专业方向是研究各种奇特现象，比如对于量子物理学至关重要的理论粒子——希格斯粒子。在贝尔，除了研究，没有教学、带学生等其他事务，研究人员还可以尽享看似无穷无尽的资源。新的研究人员不断进来，得到的指示就是“做点有趣的事。”他们不需要搞大量的发明，而是每年做一件重要的事。里特尔伍德问道，“现在什么事情最重要啊?”他得到的答案是“等到你自己发现后就知道了”。

他们会按照贝尔的辉煌成就来评价你，也就是提这种问题：“你拿过诺贝尔奖吗？你发明过什么新方法吗?”贝尔 75 年的历史一直都采用这种标准。里特尔伍德介绍说：“鼎盛时期我们有 10000 名科学家。他们并不都是诺贝尔获得者，但水平都极高。这些家伙都狂妄自大。”不过，贝尔的科学家虽然个个自信满满，但他们也意识到自己的目标是取得真正重大的突破，所以需要同事的帮助。他们互相开展合作。

如果从这个角度去看贝尔，会发现这个实验室的组织方式非常巧妙：各种人才，他们都是各自专业里的佼佼者，但又在一个环境下工作，只有互相交流、互相合作才能取得更大的成就。因为 AT&T 是一个受到监管的垄断企业，它一般不会为求商业回报而对下属的贝尔实验室施压。公司的管理者希望贝尔的任何研究成果可能在未来几十年后发挥作用。所以，虽然贝尔的科学家在创造一流的科研成果方面压力巨大，但几乎没有被强制性要求从商业的角度考核开支的情况。

有些研究员对这种氛围感到不适。里特尔伍德告诉一个参观贝尔的电池科学家团队：每年他们会雇佣一批年轻人，一天工作 18 个小时。资深研究人员也要和这些年轻人竞争。

劳伦斯伯克利国家实验室的文卡特·斯里尼瓦桑问：“有人会偷创意吗?”

“当然有。”

1978 年，朱棣文进入贝尔，当时他觉得自己就是“天之骄子”。他说，那里的氛围“令人兴奋”“从事科学研究的喜悦和兴奋弥漫着整个实验室”。朱棣文从小在纽约的长岛长大。他的父母亲是来自中国的移民，希望子女拿到博士学位。他的外祖父是一名在美国接受教育的工程师。他的父亲是MIT毕业的化学工程师，母亲是经济学家。他本人获得了加州大学伯克利分校的博士学位，毕业后留校担任助理教授。不过，在开始工作前，他可以休假一段时间，拓展自己的经验。他选择利用这段时间去贝尔工作。

朱棣文在贝尔的第一位上司告诫他尽力开拓全新的科学领域。五年后，他成为贝尔实验室量子电子学研究部的主任。作为早期研究成果之一，他测量出了电子偶素的能级。电子偶素是一个正电子和一个负电子绕两者连线的中点选择所形成的相对稳定的类原子系统。由于电子偶素平均寿命为125皮可秒（125万亿分之一秒，这个时间与一秒的比例就好比一秒与31700年的关系），所以很难测量到。此外，朱棣文还破解了如何利用激光冷却和俘获原子的难题。他说："在贝尔实验室的岁月就像是电影《欢乐满人间》一样完美无瑕。"

作为奥巴马任命的能源部长，朱棣文希望不断发扬曾经由托马斯·爱迪生和T. J. 沃森等科学和商业巨匠领导的贝尔实验室等伟大工业实验室的精髓。他希望将顶尖人才聚到一起，完成一个使命。那就是颠覆地球上最大的行业——化石燃料行业。

半个世纪以前，这种商业方式正是美国DNA的组成部分之一。但是，历经几十年，英特尔等美国企业仍然处于半导体等行业的前列，但它们的目标范围却更加狭窄了。朱棣文评价说："它们不会做出贝尔那样的成就了。"大学也不例外。

朱棣文希望制定长期的研发计划，这种计划不会创造具体的产品，但几乎肯定的是，它们都会取得重大的基础性成果。他说，在贝尔，你学会如何"找到一个问题，深思熟虑，解决这个问题，撰写论文，提交论文，然后寻找下一个问题"。他想要一个同样高效的国家。

贝尔总是将最优秀的科学家提拔到管理岗位。他们有了职权，就要对下属的生产效率负责。这里没有同行评审。朱棣文介绍说，一些科学家将这个制度称为"超同行级评审"（su-PEER-ior review）。这种文化保持了互相制衡。如果你做出了一个错误的决定，一群优秀的科学家将随时介入，帮助你解决问题，"但这不是因为他们想要做老大。"朱棣文补充道，"你有想法了吧？来。我们去白板前。我们现在聊聊。'咚咚咚咚咚'。"他本人可能是一位苛刻的上级。后来，他担任了劳伦斯伯克利国家实验室的主任，以他的"朱式海啸"而著称——只要事情没有按照他的标准实施，他就会暴跳如雷。朱棣文希望在美国能源部资助的国家实验室里复制这种氛围。

里特尔伍德警告朱棣文说，贝尔的有些东西你是不会愿意复制的。AT&T的强项之一是可靠的电话业务。这个部门拥有世界上最优秀的一些基础科学家，他们对未来雄心勃勃。贝尔的员工对他们突破性的科技成果引以为豪。但是，这个公司通常不会将这些成果转化为真正的产品。例如，虽然贝尔实验室发明了晶体管，但是 AT&T 只赚取它的名义许可费。1947 年，贝尔的科学家制造了第一台无线电话；25 年后，他们又发明了无线电话使用的传输塔系统，但是移动电话业务却被他人捷足先登了。为了和监管机构达成和解，AT&T 垄断了有线业务，放弃了其他发明。在罗纳德 · 里根总统的司法部强烈要求拆分 AT&T 前，这种商业战略一直行之有效。AT&T 被拆得四分五裂后，失去了专利和副业——两者原本可以为公司提供生存的动力。

里特尔伍德表示，贝尔实验室在商业方面是一只“跛脚鸭”。除非经过深思熟虑，否则它能取得的长期成就很有限。他认为，贝尔就像是阿波罗登月计划一样，潜力没有充分发挥出来。他接着说，如果阿波罗计划更加周密，“我们有望到达目的地。”“这是个非常有趣的科技项目，如果你具有前瞻思维，而不是局限在 1970 年前这个阶段，你就会研究基础科学，将飞船带到火星。”你不会追求一种简单到登几次月球这样的胜利。有几次，过分乐观的美国政治家提出目标后都没能实现。只要承诺到达目标、提供经费，阿波罗计划必然取得重大飞跃。但是，那只是一个单独的事件。阿波罗无法依靠意志力来复制。

美国的国家实验室起源于第二次世界大战期间的创业中心。经过五六十年的发展，美国最终拥有了 17 个国家实验室，这些实验室已失去了发展的活力。以阿贡为例，一位科学家经常嘴上说某种化学结构似乎潜力巨大，但如果你继续了解的话，你会发现他并没有研究这个问题。他的解释是：“这个项目没拿到资金。”它没有获得美国能源部批准和资助。电池研究人员利用这个借口时，你可能觉得这听起来非常令人同情，他应该在开玩笑。但是，你会发现这不是一个玩笑。事实上，美国的国家实验室缺乏快速实施新鲜想法的机制，科学家们则缺少这种思维习惯。

美国联邦政府的科研计划已变成若干独立项目的集合体，每个项目价值 30 万美元左右。这样一来，人们觉得国家实验室这种机构有点漫无目标。没人从宏观层面审核各个电池项目，所以无法确保最终至少得到一个非常优秀的电池系统，而不是十多个出色的电极和一种无关的电解液。这背后的理念似乎是升级版电池会以某种方式自动组装而成。然而，至少到目前为止，事实并非如此。

朱棣文的想法是颠覆这个机制。他准备取消“首席调查员”（在投入资金前基本不需要对任何人负责的主要科学家）这个职位。取而代之的是组成各种模块，由团队提供资金，集中攻克下属或上级确认的重大问题。如果科学家擅自改变研究方向，他们将因为资金不到位而被迫终止自己的计划。从理论上讲，你可以统一协调科研人员的行动，实现更加一致的结果。

你可以重塑一个大型工业实验室。

朱棣文借鉴了中国的模式。他说，按照中国的做法，首先确定一项已知的技术，然后与日本模式不同的是，长期渐进、有序地改进这项技术，尽力提高效率。通过持续一段时间，比如说十年，中国最终就能获得一项大不相同的技术。朱棣文表示，这种模式得到的不是集成电路这个级别的成就，而是通过持续几十年的努力取得非常、非常好的结果——“难以置信”“技术革新。”

朱棣文接着说，如果你比较一下电池行业的主导性创新，中美两国采取了不同的路径：美国将创新嵌入到了产品内部，中国一般是不断改进和提升已有的成果，最终实现创新。历史经验表明，我们不能满足于这种主导地位。除了电池行业的失利外，美国发明了飞机，但很快就将主导地位拱手让给了法国和其他欧洲国家。德国发明了汽车制造工艺，但却被亨利·福特超越。

朱棣文希望效仿后面这个榜样。他说：“我们要在电池领域占据领先地位。”

第 21 章　为何创业动力不足

张伯伦无法忘记他在 2006 年的一次对话。他和一位实验室主管正在欣赏一套新的原型设备。在企业客户考虑是否购买专利许可前，阿贡可以用这套设备按照客户需求制造大批量的阴极材料。当时张伯伦刚到阿贡不久，心想既然现在这种设备能够帮助科学家按照客户理解的样式展示他们的发明，那么它应该能够推动他们实现更冒险的创新了。它可以增强阿贡的优势。张伯伦说："我心想你们科学家一直在冒险。"

这位主管困惑地盯着张伯伦。然后，他说："奇怪的是，事实与你所想的恰恰相反。是的，这里的工作比企业更加安全，但工作这么好，为什么还要冒险呢?"

在接下来的几年里，张伯伦亲眼见证了这个问题——阿贡的研究人员极度害怕搞砸了研究，甚至连尝试愚蠢的想法都不敢。这种恐惧感常常比吸引公众关注的愿望更强烈。

这种对风险的厌恶情绪似乎与政府高层无关。美国三任总统，比尔·克林顿、乔治·W·布什以及巴拉克·奥巴马对电动汽车的态度都非常乐观，因而为锂离子研究提供了慷慨的资助。但是，据张伯伦介绍，近年来，美国能源部有几位项目经理因为冒险而受到"沉重打击"，他们的职业生涯也受到影响。阿贡的员工对这些创伤的经历记忆犹新，这可能是他们不愿意冒险的原因之一。

阿曼的管理习惯表明他在同离职创业的诱惑做斗争。但是，他不赞同这种选择。他说："如果我拿走阿贡发明的一项技术，单独成立一家公司，我敢肯定，我会获得成功。但是，如果一个人专心从商，则更可能以产品为中心，将会关注金钱，那么创新思维就会退化。这不是我的风格…… 我并不是真的想一心赚钱。虽然我不是特别富有，但我过得很好，一个中产阶级。"阿曼在国家实验室的限制内保持着创业精神。他积极进取、踏实肯干。但是，他缺乏对冒险的渴望。

萨克雷也有类似的冲动。他说，他从来没有想过实现和库玛尔一样的飞跃——筹集风险资本，出售自有技术的许可，并在此基础上成立公司。

电池行业的其他科研人员——其实整个实验室——都是这种情况。然而，和奥斯汀、波士顿和旧金山湾充满创业激情的大学同行一样，阿贡国家实验室的家伙没有将想法变成盈利企业的经历。

但是仍然存在这种选择的机会。1980 年，两位美国参议员——比奇 · 拜赫和罗伯特 · 杜尔——推动了一项立法，旨在赋予美国联邦资助的大学和实验室从各自研究中获利的权利。《拜杜法案》是美国政府应对 20 世纪 70 年代低迷的美国经济的一种举措。美国人的发明才能表明美国经济最终能够持续发展，但当时的设想是通过激励科学家追求个人收益和国家荣誉来振兴经济。在《拜杜法案》前，联邦资助的研究人员不能从自己的发明中拿到利润分成，现在他们可以了。具体的分成方法取决于研究机构。就阿贡而言，科学家获得 25% 的许可费和专利使用费，同时为了表彰团队的贡献，科学家所在部门可以分得其余 75% 的费用。萨克雷、阿曼和其他几位电池科学家就是这样从 NMC 专利中拿到了一百多万美元的收益。然而，总体来说电池团队还是比较胆小。

事实上，不仅是阿贡，就连附近的大学似乎也忽视了知识产权的价值。迄今为止，芝加哥大学的研究人员已荣获 55 项诺贝尔奖。单单一项发现——红细胞生成素（EPO），一种用于治疗血液透析病人贫血的荷尔蒙——最终给美国安进公司创造了大约 400 亿美元的收入。但是，芝加哥大学没有为这个发现申请专利，所以，这所大学和发现这种物质的研究人员尤金 · 格德沃森都得不到一美分的专利使用费。

1986 年，芝加哥大学两位研究生搬进了阿贡的办公室。克林特 · 拜比和基思 · 克兰德尔是一项旨在激活沉睡的实验室和大学、培养初创企业的全新计划的志愿者。他俩将自己的公司命名为 ARCH。他们的目标是挖掘阿贡和芝加哥大学的发明潜力。两人白手起家，都是 26 岁的商学院学生。他们走在长长的走廊上，“逮到”一位科学家。拜比会说，“跟我们说说你现在搞什么研究。”他们问过几位，都徒劳无获，拜比开始意识到阿贡的家伙根本“不太考虑他们的研究有什么商业应用价值。”他们一般只会迎合资助方——美国能源部或国防部的口味。拜比认为，“那就是他们的客户。”接下来几年里，ARCH 公司发掘了十多个风险投资项目，其中阿贡占四个。但他们一开始几乎是两手空空的。

那些电池科学家知道 ARCH 团队在附近活动，他们猜想这是一个由实验室主任和大学管理层虚构的高级别项目。不过，几乎没人当面见过拜比或克兰德尔。拜比说，他和 ARCH 的其他同事都没有找到任何引起他们兴趣的电池技术，也从来没有瞧过 NMC。萨克雷则说，“我从来没见过他们。”

和他们的硅谷同行相比，电池科学家的创业能力都很弱，芝加哥的风险投资圈也是一样，即使设在实验室内部仍然很弱。苏吉特 · 库玛尔和来自德国、日本和韩国的公司抓住了 NMC，而 ARCH 公司虽然近在咫尺，却错失良机。

张伯伦在加入阿贡前就有非常丰富的经验。他的科研能力很强，可以独立开展研究项目，但他却似乎有意避开他们的项目。他的作用是提供各种条件，让其他科学家创造出杰出成果并推向市场。除了偶尔提出针对性的问题，显示他了解本行外，他让科学家们专注于电池研究工作。他并不是真的像自己所说的“电池圈内人士”。萨克雷会重复这句奉承的评论：不，现在张伯伦已经是电池圈内人士了；他在这个行业待得够久了。但萨克雷是一位绅士，所以会这么评价张伯伦。张伯伦真正待在实验室的时间很少，他对此感到紧张。他从事科研的时间很短，在佐治亚理工学院搞过科研，在几家私有企业零星做过一点研发。他自己会创造新的发明或者写一篇让同行刮目相看的科研论文吗？这个没人知道，他自己也没有尝试过。然而，张伯伦在阿贡国家实验室备受尊崇，这和他的冒险精神和商业天分有关。

他与周围的人不同。

张伯伦认为自己的企业家特质“一部分源自基因，也许还有环境影响。”他的所有兄弟都有创业经验，一个做光纤行业，另一个是做化工，第三个和他们的父亲共同经营 JA 张氏公司——这是一家位于佛罗里达州的船用发动机企业。一系列公司曾利用张伯伦的人脉和领导能力，他本人曾经成立几家初创企业，都发展得不错。他 39 岁就加入阿贡，可谓是一大飞跃。实验室除了卡哈尔·阿曼外没有人晋升这么迅速，众人非常怀疑这个具有销售潜力的新人。所以，当张伯伦主动给各大公司的高管打电话，争取到合作机会后，他不仅成了所在部门，甚至是实验室历史上最成功的专利代表。在阿贡看来，他是“来自企业界”的家伙。

他主要利用自己在半导体行业获得的经验。尽管美国的半导体行业从贝尔实验室到硅谷，再到苹果公司的 iPhone，都谱写了辉煌的篇章，但到 20 世纪 80 年代，这个行业事实上已经开始消退。原因之一是美国工业的衰退以及美国人对日本产品的痴迷。为了进行反击，美国的芯片制造商提议开展一项试验。它们将与联邦政府紧密协作，期待快速超越日本同行。1987 年，时任总统罗纳德·里根签署了一个支持这个试验的法案。随后，美国半导体制造技术联盟（Scmatcch）成立。为将半导体制造业务留在美国，14 家芯片制造商和美国国防部先进研究项目局（DARPA）分别投资 50%，开展了一项金额达 5 亿美元的 5 年行动计划。美国芯片制造业很快重新崛起。在安德鲁·格鲁夫的领导下，英特尔用设计精细、做工一流的微处理器占领了利润丰厚的高端市场，重新称霸半导体行业。

大获成功后，Sematech 升级为阿波罗和曼哈顿计划一样的典范——美国产业和政府携手夺取新兴外国竞争对手的市场。

2008 年，张伯伦向美国能源部一位主管提议建立一个类似于 Sematech 的机构。他所设想的这个机构并不是要拯救美国电池制造业本身，因为美国几乎没有形成自己的锂离子产能。相反，该机构旨在联合电池初创企业、化工公司、铅酸电池制造商等各家企业，共同创造美国锂离子行业。这样，美国才能与全球电池制造商在相同起点上同台竞技。这位主管理解张伯伦的设想，并且鼓励他“推动企业界将它付诸实施”。

张伯伦说到做到。这年春天，他邀请了6家电池和化工企业的高管参加几场会议。一开始，虽然有芯片制造商成功的先例，但这些企业并不买账，他们想知道怎样才能与竞争对手合作。没有人赞成 Sematech 这样的五年期限。不过，他们逐渐向张伯伦的主要设想靠拢，将他个人的想法变成集体版本——联合建立一个工厂，使之成为各个电池团队的材料试验场和各家企业的锂离子电池制造基地。

有一天，张伯伦所在讨论组之外的与会成员吉姆·格林伯格提到，他和时任参议员的奥巴马的亲密盟友是儿时的朋友。当时，奥巴马在总统竞选活动中占据越来越大的优势。为何不把电池版的 Sematech 计划提交给奥巴马参议员的竞选团队呢？大家一致认为这个主意不错。

不久，这个会议团队在芝加哥一间办公室与奥巴马的经济顾问会谈。格林伯格介绍了 Sematech 和打败亚洲电池行业巨头的意图。

这位顾问反问道："你们认为，我们为什么能与日本汽车行业竞争呢?"

张伯伦回答说，美国企业虽然目前面临困境，但最终将恢复增长，在调整后的全球产业中占据重要地位。不过，他补充道，如果电动汽车真正崛起，底特律以它一贯的古板和保守风格，"将遭遇和恐龙一样的结局"。他们将无法迎接新时代的到来。

"你们需要多少资金?"

团队讨论过这个问题。如果他们采用 Sematech 的模式，资金规模将在5亿美元左右。但是，他们预计费用可能更高，所以需要一个缓冲。因此，他们认为需要10亿美元。这个金额也许不切实际，但他们觉得电池版 Sematech 就是要这么多资金。

格林伯格回答说："20亿美元。"

团队其他成员默不作声。张伯伦不敢看奥巴马这位经济顾问脸上的表情，没人知道这个金额是怎么来的。

顾问说："好的。"

会后，这个团队开心不已。格林伯格为什么让数字翻了倍？他说："我不知道。我只是感觉这样没错。"

奥巴马当选美国总统后，经济形势发生变化。全球金融体系崩溃，美国陷入一片恐慌。正式就职两个月后，奥巴马很快就提出7870亿美元的经济刺激一揽子方案，并获得国会批准。这个方案旨在拯救美国经济，并为将来的产业发展播下种子。张伯伦笑着阅读预算的细目。其中包含一项24亿美元的预算——20亿美元的锂离子电池制造计划和4亿美元的电动汽车制造工艺开发计划。

奥巴马的幕僚长拉姆·伊曼纽尔曾经表示，在政治层面上讲，任何危机都可能转化为机会。电池版的 Sematech 是一个"起点"。

这种说法既有道理，也没道理。正如张伯伦和几家企业所设想的那样，这笔预算将用于创建美国锂离子电池行业。只是现在美国政府慷慨资助的24亿美元研发基金让这些企业出乎意料，它们决定放弃合作了。江森自控获得这个基金的 2.49 亿美元，EnerDel 和 A123 分别获得 1.18 亿美元和 2 亿美元。这些公司将互相争夺市场份额。所谓的电池版 Sematech 只是一句空话，根本不存在产业政府联合机构。无论如何，美国将参加这场全球电池游戏。

朱棣文也认为不应该浪费这个危机所创造的契机。对他来说，创建贝尔实验室是自己的一个梦想。他提出 8 个项目的方案，每个项目负责解决一个大问题，总预算金额为 10 亿美元。他说，可能有人没有认识到其中的重要意义，“我们正在翻开美国伟大的工业实验室一页最辉煌的历史篇章”。这些项目在文件里被称为“创新中心”。但是它们有一个更加明确的称谓——“小贝尔实验室”。

按照朱棣文的规划，有一个创新中心是以电池变革为目标的。尽管 NMC 2.0 版比此前的发明更加令人印象深刻，它作为电动汽车的动力源泉无法和内燃机竞争。减掉燃烧过程中损失的能量，1 千克汽油包含 1.6 千瓦时的储能。相比而言，最先进的锂离子电池可产生 0.14 千瓦时的能量。萨克雷为 NMC 2.0 版设定的目标是将当前性能翻倍并降低成本。但即使那样，电池的能量密度仍然只有汽油的六分之一左右。电池中心的目标是实现继锂离子后的下一个大飞跃，即每千克储能 0.6 或 0.8 千瓦时。为实现这个目标，电池中心将在 5 年内每年获得 2500 万美元的联邦资助，共计 1.25 亿美元。通过竞争决定该中心由哪个大学、国家实验室、机构主办。

朱棣文建议那些有兴趣的单位持续关注竞标的时间。

加州大学伯克利分校的电化学教授约翰·纽曼给萨克雷打了一个电话。纽曼编写过电化学系统的标准大学教材，堪称业界偶像。

纽曼问：“你为什么不牵头搞这个电池中心呢？我们愿意为你提供支持。”

竞争时间表还没有公布出来，但纽曼建议先行一步。他希望阿贡和劳伦斯伯克利国家实验室——电池领域里的两个死对头——联合竞标。考虑到两个国家实验室之间的争风吃醋，这种策略让人感到意外。阿贡和伯克利从未携手合作过。双方的互相猜忌由来已久。然而，无论哪家拿到这个电池中心的主办权，都将成为美国电池研究领域无可争辩的中心，因此，这个策略的收益颇丰。如果双方联手，同意分享研究资金，不再闹腾，阿贡和伯克利赢得竞标的胜算更大。

2009 年 6 月，纽曼作为伯克利团队的成员造访阿贡国家实验室。双方代表齐聚一堂，开始对电池中心的构想进行头脑风暴。近来，电池领域的动静不小，这一年仅美国能源部就在电池研究上花费了 5000 万 ~9000 万美元。一个中心会带来什么增值呢？有人建议从头开始，也就是说让他们先把白板擦干净，重新规划一个业界领先的一流电池研究项目蓝图。然后，他们在蓝图上描画出已经很成熟的部分。剩下的部分就是阿贡-伯克利电池中心的规划了。

最终讨论的结果是一个企业和科研机构之间的长期合作计划，这个庞大的计划超出限制预算，一年就要耗资 1 亿美元。理论上，它的规模是朱棣文设想的电池中心的4倍。两个团队对该计划赞不绝口。张伯伦平静地将它介绍给几位业界的朋友后，他们似乎一样激动不已，并且明确表示，原则上自己愿意和能源部分别承担一半的成本。张伯伦觉得他理解这些企业的渴望。虽然它和 Sematech 极其相似，但这并不是因为它像张伯伦魂牵梦萦的构想。他说，那是因为“它像贝尔”。它真的更像贝尔，不像朱棣文构想的小实验室。阿贡-伯克利团队将这个中心命名为“美国储能研究联合中心”（Joint Center for Energy Storage Research，JCESR），英文简称读起来就是“En-Caesar”。㊀

美国国会必须直接审批这笔预算，但国会对朱棣文的提案表示怀疑。国会2010年的预算只给他8个创新中心中的3个提供了资助。更糟糕的是，国会只给每个中心安排2200万美元的资金，期限是1年，而按照规划，每个中心的预算是2500万美元，期限是5年。

电池中心未能获得批准。

结果让人失望。张伯伦的上级领导还在华盛顿就向他保证，电池中心会在下次获批。但是没有理由让人保持信心。政治关系可能继续让朱棣文感到迷惑。

阿贡-伯克利团队接着讨论。讨论的话题主要是如何为 En-Caesar 奠定基础。不过，他们也在讨论缩小版电池中心的策略。关于后者，张伯伦和纽曼特地去华盛顿宣传双方的合作计划。

纽曼让张伯伦做好心理准备，要让接待方大吃一惊。美国能源部很难相信眼前的事实。张伯伦心想，纽曼说得有点夸张了。果不其然，当能源部负责电池研究事务的主管戴夫·霍伟尔坐在两人面前时，他知道这位伯克利老兄说得对。

霍伟尔说：“你们两家走到一起了啊。”

张伯伦和纽曼齐声回答道：“是啊。”

他对张伯伦说：“你还把约翰请到了这里呢。”

“嗯。”

“这么说，你们是真的要合作了。”

霍伟尔似乎还不能马上忘记这两个国家实验室的过去。两人回到各自的实验室。一个月后，霍伟尔给张伯伦打来电话。他和纽曼展示的报告中有一张幻灯片描述了一种业界流行的方法。该方法既能降低成本，又能激励发明才能：将双方的人才库放在一个矩阵上，然后一个材料科学部门可以为三个独立的电池团队服务。张伯伦当时说，所有大公司都在用这个体系，让基础科学团队和应用科学团队交叉合作。霍伟尔对张伯伦说，能源部的高层很欣赏这个想法，他们挑了矩阵

㊀ 2012年11月30日，美国能源部确认，以美国阿贡国家实验室为领导的储能研究联合中心在芝加哥市正式揭幕。据报道，能源部表示，该中心投资1.2亿美元，包含美国五大国家实验室、五所大学、四家私有企业以及密歇根州霍兰德的卫星中心。——译者注

里的一个象限，想要他试试。

霍伟尔说："预算是 100 万美元。"

这个象限需要攻克超能量金属锂的难题：当将纯金属锂嵌入电池时，电池接触空气后可能燃烧起火。20 世纪 70 年代，这个问题导致埃克森的原创电池无疾而终。尽管如此，有效、安全、持久脱出金属锂的内在能量仍然是一个永恒的目标，所以霍伟尔希望张伯伦和纽曼接受这个挑战。如果他们能够克服它的易变性，他们就有望制造出下一代动力电池。

霍伟尔的项目显然是一个挑战。如果他们想要拿到 2500 万美元，他们必须首先解决电池科学领域最困难的问题之一。

霍伟尔问："你们不是说你们想要合作吗？那就证明给我们看。"

他们接受了这个挑战。张伯伦将任务派给手下最优秀的思想家之一杰克・弗盖伊。这位化学家还有一个优点，就是不引人注目，所以他非常适合团队管理。

即使在弗盖伊的领导下，他们花了五个月的时间讨论联合计划的法律细节，金属锂的难题却毫无进展。张伯伦和纽曼发现他们算错了。他们在愚弄谁呢：2500 万美元投给两个相隔 1900 英里、长期不和的实验室，然后呢？通往电池新时代的大道？即使由雷厉风行的弗盖伊负责，他们连一个纯粹的调查项目都启动不了？

但是，如果霍伟尔的测验取得一点成果——如果双方能够少一点自负和脾气，如果他们能够证明在金属锂难题上取得了进展，也许他们就能证明他是错的，从而在未来的电池中心竞争中多一个筹码。

几个月后，朱棣文的科学顾问比尔・布林克曼短暂访问了阿贡。这位贝尔的前任员工与张伯伦、萨克雷和阿曼交流了几个小时。

张伯伦把幻灯片投影到墙上，介绍 En-Caesar 时，布林克曼认真盯着看。然后，他打断了张伯伦的介绍，并指着幻灯片。

布林克曼说："那是我们赶超亚洲的唯一途径。那是我们成功的唯一途径。"

过了几个月，华盛顿仍然没有动静。政治环境发生了变化。国会对朱棣文的宏伟蓝图没有耐心了，否决了气候变化的相关立法，而它原本是奥巴马当选总统后最有希望通过的法案。张伯伦团队的前景变得更加灰暗。

临近圣诞节，阿贡主任艾萨克斯给张伯伦打电话说："别等国会和电池中心了，咱们把 En-Caesar 做起来。"

艾萨克斯这是在给这个预算更多、目标更高的大项目开绿灯。张伯伦可以进一步和各家企业确定资金的约定细节。他说，没有华盛顿的帮助，阿贡和伯克利照样能够建起和贝尔一样的研究机构。张伯伦听到的主旨是这样的："我们将开展合作，我们将和亚洲人竞赛，我们将赢得这场竞赛。"

20 世纪 90 年代以来，日本、中国和韩国逐渐成为全球三个主要的动力电池制造中心。布林克曼说，为了打破这些国家的主导地位，美国需要资助和激励国内的工厂。美国必须利用阿贡和其他实验室的发明制造先进产品。发明和制造这两种能力相辅相成——只有善于发明，才能善于制造；只有善于制造，才能善于发明。两者是共生关系，如果只善于其中一种能力，另一种能力将会逐渐退化。但是，即使美国巩固了本国的制造实力，其他趋势也让布林克曼感到担忧。他说，中国正在培养“一批超级干部”，这些人在清华等其他著名大学接受训练。留学生仍然占美国研究生培养项目招生名额的一半，这其中的60% ~70%留在美国发展。不过，随着中国不断进步，这些研究生毕业后是否至少有一部分回到中国？阿贡迄今为止的人才留用趋势会不会突然逆转？他问道，如果你在北京市中心的某所一流大学就读，如果你是全班最优秀的学生，并且接受最优秀的教育，“你会去哪儿发展”？布林克曼认为，这些学生开始由美国向中国“回流”。他们将留在中国，增强中国在电池竞赛中的竞争力。为此，En-Caesar 可能是美国取胜的唯一途径。

第 22 章　拿下电池中心

埃里克·艾萨克斯命令张伯伦继续推进 En-Caesar 项目，但两人仍然希望和期待美国国会批准电池中心的方案。如果如愿以偿，他们计划首先拿到电池中心的主办权，然后使其成为 En-Caesar 的基础。

如果国会批准了电池中心方案，艾萨克斯迫切希望赢得中心的主办权。这种成功将肯定阿贡在电池领域的突出地位。不过，这个计划的风险很高，倘若失利，可非小事。电池部日积月累的声誉可能毁于一旦，整个实验室的声誉也将受损。

比起成功的收获，失败的后果更让艾萨克斯和他的几位副手担忧。阿贡仿佛在大项目上受到了诅咒，而大项目是一流国家实验室和大学发展的奠基石。2008 年以来，阿贡先后参加竞标，角逐包括朱棣文的两个早期创新中心在内的三个大型联邦研究机构的主办权，但都失之交臂。考虑到阿贡在原子时代以来的历史渊源，最大的打击莫过于将一个核建模中心拱手让给了橡树岭国家实验室。一位阿贡的工作人员表示："我们信心满满，本以为可以不费吹灰之力打败对手，却没料到失利了。当时就开始怀疑我们是否还会继续搞核研究。"

电池中心的风险甚至更高。阿贡在电池研究领域历史悠久，加上萨克雷和阿曼两位领军人物，假如拿不到电池中心的主办权，那将是一个难以想象的打击。没人愿意谈论失败的后果。研究人员私底下议论说，实验室的高层——艾萨克斯和他几位副手都可能被开除。张伯伦不会丢掉工作，但他的光环会变得黯淡，他在阿贡的前途就会遇阻。至于电池部，研究人员毫不掩饰地说，它将面临一种不可磨灭的耻辱。最初，整个实验室可能看上去没什么变化，但它会慢慢地衰退。现有的资助项目到期后不会续期，而新的大项目则轮不到它了。

2012 年 2 月，美国能源部官网上发布了一个通知：任何有意举办一个新的储能创新中心——电池中心的机构请于 90 日之内提交方案。

艾萨克斯给下属员工发布了一道命令："不惜一切代价，拿下电池中心。"

阿曼善于商业运作，敢于冒险。他认为阿贡在这次竞标中不会失利，能拿下电池中心，然后迅速过渡到 En-Caesar 项目。En-Caesar 虽然不需要竞标，但得靠智慧和勇气，这个项目的投入比电池中心高许多，是破译电池“密码”的绝好机会。他预测，如果提供足够的资金，建立十个科学家团队，让他们携手解决电化学和物理学的难题，阿贡“很快就能”突飞猛进。这种高瞻远瞩、切合实际的想法成了阿曼和张伯伦两人之间的“粘合剂”。他俩都在企业界工作过，阿曼在日本的企业，张伯伦在美国的企业。就像阿曼说的那样，他俩都明白“任何创新成果都必须投入应用”。科研人员不能将成果束之高阁，因为那样它很快就会被世人遗忘。当时，阿曼正准备向两家公司推介他的发明，他相信两家公司都会提供资金，帮助他进一步利用这些发明。张伯伦对 En-Caesar 项目也采取了这种主动策略。他没有守株待兔，而是主动出击，获得企业的非正式资助承诺。

这就是科研人员的生存之道。你离不开资金流，没有持续的资助，你的想法再好也难以派上用场。你必须主动争取政府或企业的投资。为此，你应该寻找合作伙伴，而不是无所作为。你需要不断地维护与投资方的联系，你得兑现承诺，才能维持资金的流动。

电池中心和 En-Caesar 这两大项目不仅关系到实验室的生存问题。在张伯伦和阿曼看来，这两者的有力融合将帮助美国在这场长期竞赛中战胜亚洲的巨头。

当然，两人也在考虑个人将来的收获。张伯伦拥有远大的雄心壮志，而电池中心将给他提供另一种机会。一位湾区的电池圈内人士预测，如果张伯伦能够带领团队成功实现电池研究的大飞跃，他会在硅谷走红，成为硅谷的明星。这个期望——他可能“在硅谷脱颖而出”——吸引了张伯伦的注意力。此前他为自己的几家初创企业融资时均以失败告终，现在他这位湾区的朋友可能猜对了：电池中心的项目最终将证明他的非凡实力。

第 23 章　阿贡组队

两个世纪以来，科学家一直在孜孜不倦地研究电池技术。这是一大难题。如果不相信自己有可能成功，如果不和同事坐下来，联手寻找解决方法，超级电池的梦想就不可能变成现实。张伯伦确信这个梦想可能成真。但是，他必须将阿贡的电池部转化为一个团队。

团队合作的动力来自于张伯伦，他的上司——沿着层级关系上升到朱棣文。这位能源部长的梦想是再造一个贝尔实验室。如果考虑到美国的战略重点，这种动力的来源最终可以追溯至奥巴马总统。然而，对于众多电池科研人员来说，他们很难预测团队合作将如何凝聚力量，提高效率。成功的合作并不一定代表研发工作卓有成效。

萨克雷对建立一个鼓励团队合作的体系的想法感到心烦意乱。这不是追求科学真理的自然状态。这是“能源部下压给我们的东西”，这是一个巨大的管理失误，它没有考虑到各大实验室到处存在的“怪人”，他们“在自己的小世界里可能取得略微更佳的成果。”根据萨克雷的观点，团队体系产生的新成果可能具有相似的化学结构，而且有可能错过“外部最精彩的内容”。要想打破常规，创造具有突破性潜力的电池，需要“足够的时间来形成新的创意，并观察创意的实际效果。”

按照萨克雷的经验，科学家通常都是单独的个体——独立的思想家，而且面临着非常激烈的竞争。只有在合适的环境下，他们才能茁壮成长。只要获得成功，他们就能得到认可。他说：“如果你分享了你的想法，然后另外一个人带着你的想法跑了，你还剩下什么呢?”张伯伦必须让萨克雷和实验室的其他科学家相信，他们的知识产权将受到保护，既不会淹没在各种想法的漩涡中，也不会被盗用。萨克雷说：“否则你最终会发现人们互相之间不再信任，反而会恶言相向。”

这里萨克雷说的是阿曼对他的盗窃指控，他最后把阿曼放入了 NMC 专利的发明人名单中。同时，他也在表明，无论张伯伦和能源部有什么打算，他自己都希望独立于这个团队体系之外。张伯伦的副手汤尼·布雷尔试图推广张伯伦的团队合作策略时，萨克雷把他打发走了。萨克雷说：“其实，他不是电池圈内人士，他要学的东西太多了。”

也许，放到几年前，团队合作的想法可能畅行无阻。但是，萨克雷认为 NMC 专利许可获得成功后，不可逆转地改变了阿贡的文化。他说：“不幸的是，金钱似乎是万能的。”然而，事实上，现在“大家都喜欢参与到专利许可当中来。”这进一步强化了个人主义的思想。

电池中心是一个重要的目标，团队和合作两个概念听起来很有价值。萨克雷和阿曼手下的部分核心科研人员也感到疑虑和困惑，他们在阿贡国家实验室工作 20 年以来，衡量成功的标准一直都不是合作成果，而是个人实施的优秀项目。你是否在一项专利或一篇论文上最重要的标题位置署名了？如果没有，你在华盛顿举行的“年度业绩评审会”上应该如何说明自己的成绩？要知道，在这个至关重要的活动中，政府会对体系内的每位科学家进行评审，面对大量观众，你得证明你在实验室的存在价值。你又如何验证你的成就？“呃…… 我一直在和另外 30 个同事合作。”这个说法似乎不太可信。这直抵现代西方传统的基石——奖励个人。毕竟，诺贝尔奖授予的对象是个人或者最多三人的团队，而不会颁发给大规模的团队。你不可能一声令下就轻易改变这种心理。

张伯伦从来不会改变萨克雷和阿曼。他俩的影响力太大，他俩既可以，也可能轻易说不。由于他们的声誉，他俩也能避开各种不利因素。尽管实验室的其他人员的根基不如他俩稳固，一些人也有相同的反应。在一次会议上，实验室的资深员工丹尼尔·亚伯拉罕断然表示，他不准备把他的数据在全部门公开。因为他想不出这样做对他有什么好处。

然而，这正是张伯伦提倡的行为。大家都需要全盘思考。电池中心需要团队合作。他打算讨论这个话题，并且一针见血地阐明自己的意见。

他在地下室的礼堂里召集了一次部门大会。

“首先，我想提醒各位注意我们承担的使命，”张伯伦一边说，一边竖起双手的指尖，“那就是汽车的电动化，然后将未来的能效改进技术拓展到电网。”面对济济一堂的员工，他说这个使命由三部分组成，每个部分都与安全有关。

首先是经济安全。可充电锂离子电池的全球产值超过 100 亿美元。随着汽车市场的发展，锂离子电池市场规模将超过 1000 亿美元，按照大多数人的估计，达到这个规模只需要 5 ~6 年的时间。这些估计还包括制造电池所用的成品材料，更不要说巨大的汽车市场本身了。世界其他国家，比如中国、日本、韩国等企业正在准备开发这个市场，为本国创造就业岗位。这正是阿贡愿意承担为美国建立锂离子电池行业的使命的原因之一。

其次是能源安全。礼堂一片寂静。他接着说：“所以，我们进口大量的石油，每天的金额略超过 10 亿美元。一部分来自友好国家，一部分来自敌对国家。因此，美国的能源地位尚不安全。”

第三是环境安全。如果美国能够逐渐减少化石燃料的消费量，气候变化的威胁将随之减轻。

张伯伦说："所以，在整个形势下，我想要提醒你们记住我们所担负的使命。"他说，总而言之，这个使命是为一位投资者服务，那就是"美国的纳税人"。

"如果你不想承担这个使命，我们不强迫你加入我们的团队，这不是在阿贡工作的一项义务。绝对不是。"不过，他当时对此的表态听起来没有说服力。他在其他很多场合为研究人员免除这个责任，但每次都没有令人信服。他号召大家做出百分百的承诺：要么入列，要么出局。

这个指令听起来很吓人。美国科技史上不乏团队合作的辉煌典范，比如曼哈顿计划，阿波罗计划等，但是这种项目既不常见，又很宏伟，现在由于使用过度，却略显庸俗了。为此，张伯伦需要激发整个队伍，让大家相信他所提出的团队合作策略不是陈词滥调。他们大可放心实施。他们的职业生涯和科研发展机会将不会遭受不利影响。相反，他们施展宏图大志、成就个人功名的机会将会更多。

张伯伦似乎感觉到他已经赢得了研究人员的信任。他所描述的前景——团队合作攻克科技难题，实现重大突破的大科技蓝图——那正是他们投身科技事业的初衷。他继续发言。

他说，如果阿贡拿到电池中心的主办权，"我们就能真正让我们自己跃升至实现这个使命的地位。"就在一周前，阿贡组织了一场"主任评审会"，邀请美国其他国家实验室的负责人帮助审核阿贡的电池中心提案初稿。张伯伦说："不知道该怎么准确描述这个情况，反正他们真的很兴奋。他们用了'被征服了''喜出望外'这种词汇。我现在可以告诉大家，我当时很紧张，很忐忑不安。专家指出的最大不足是我们传达信息的方式——我们描述整个构想的方式和他们理解的科学本质偏差很大。但在我看来，我们仍然遥遥领先其他竞争对手。"

如果阿贡最终获胜，越来越多的公司会争夺这个几十亿美元的电池市场的份额。它们会意识到自己缺乏研究能力。它们会四处张望，到处寻觅，然后找到阿贡。

张伯伦说："那正是我们现在做的事。"那正是团队合作将带给阿贡和整个国家的福祉。

第24章 起火

张伯伦突然冒出一句："一派胡言！"他正在阅读网上一篇新闻快报——有一辆 Chevy Volt 在威斯康星州接受美国联邦碰撞试验时突然起火。这辆汽车已经通过导杆撞击侧面等多项例行的严格检验，获得了最高的五星评级。三周后，这辆车停在停车场，电池突然起火。火焰吞没了整辆汽车，停在附近的三辆汽车也一起被烧毁了。

福克斯新闻频道责怪奥巴马。福克斯评论员尼尔·卡夫托说，Volt 事件是巨大社会灾难的一个部分，因为"如果有人忘了插上电源"，可能导致夫妻离婚，更不要说阴谋了。卡夫托接着说："有人收买了《汽车族》（*Motor Trend*）杂志，获得年度车的称号。傻子才会买 Volt。"这个车型和奥巴马没有任何关系，事实上它早在前总统乔治·W·布什任期内就已经完成了设计。但是，奥巴马支持发展电动汽车，所以让一些人不舒服了。

六个月后，试验时又发生了两次起火事故，这种吹毛求疵更加厉害了。

使用大型锂离子电池组有一个注意事项，如果很长时间不用，最好把电池组的电量全部放掉。电池组充满电荷后可能不稳定。在前面提到的第一个起火事故中，捣杆刺穿了电池组，导致冷却剂泄漏，电路短路，从而引起火灾。这种事故并不少见，汽车在碰撞试验时经常发生爆炸，油箱装满汽油时更是如此。你必须破坏一样东西才能了解它的安全度。然而，这篇新闻报道没有说明这点细微的差别。一说起石油，公众就会联想到浸泡在原油中的海豹，同样，Volt 似乎注定了与火灾相连。起火事故威胁着 GM 这款旗舰电动汽车的命运。

就在此时，这家汽车制造商巧妙结合了坦诚的态度和热情的客服，化解了这场公关危机。首先是发言人迅速站出来，介绍已知的所有细节。然后，启动一项客户服务计划，公司代表亲自给全美所有 Volt 车主打电话，大约 6100 位，提供三个选择：回购汽车，更换已出租的汽车或者车主临时向 GM 借用一款喜欢的汽车。十来位车主接受了其中一个选择。但大多数车主放弃了选择。借此策略，GM 树立了主动担责、相信自家产品、珍惜企业声誉的良好形象。

大概在这个时候，张伯伦准备购买一辆新车。他和妻子凯西喜欢那辆旧的本田轿车，但还想再买一辆新车，因为他们的儿子弗莱彻快满16岁了，他们想把那辆旧车给他。新车归张伯伦。考虑到NMC就装在Volt里面，张伯伦觉得至少得去瞧瞧，不过有一个数字让夫妻俩眼前一亮：他们每个月要花240美元买汽油，Volt将降低汽油开支，可能根本就不用汽油。但是，他俩还是准备再买一辆本田，又想顺道看看GM的车。

GM的销售代表问了张伯伦几个问题。然后，把车钥匙扔给他。

销售代表说："您不妨先把它开回家，试驾几天。"

"真的可以吗?"

"当然，我只要一份驾照复印件就好了。"

销售代表只凭一两句话就读懂了张伯伦的心思。三天后，张伯伦回来了。

他说："现在我想买一辆了。"

张伯伦说，他决定买辆Volt，不仅是因为他个人和这款车的联系。尽管福克斯新闻发表了负面的评论，他仍然赞同《汽车族》的评价——Volt是"行业的颠覆者"。他说，Volt代表了未来，是"某种神奇的力量"。

他选了乌黑色。

一天晚上，他过去取他的新车。他最后和销售代表讨论是租还是买的问题，特别考虑到电池的性能会逐渐减弱。最终，他说他决定买了。他感谢这位健谈的销售代表吉姆·维吉塔博。维吉塔博说："嗯，我说过我会服务好您的。你看，您的姓与众不同，有些人可能不相信你。但他们不知道人如其名。"

张伯伦坐到Volt里面，一脸笑容。"我这辈子从来没买这么贵的车。"他一边说，一边捣鼓LCD显示屏。

"听听这个音乐。我们得把这个关掉。怎么关啊？关掉了。听听这个。噢上帝啊，太好听了。好的，现在我怎样才能离开这儿呢?"

他有点紧张。

张伯伦说："我太兴奋了。"他按下启动按钮，安静地驶入夜色中。

张伯伦盘算着，如果他从家到阿贡每天节省更多的汽油，在这辆车的使用寿命期间，省下来的费用接近他现在每月的按揭费用了。这让人觉得这辆汽车更像是一种时尚，而非省钱的工具。

他说："我不太喜欢这辆车。说实话，它就像个玩具。"

LCD显示他没有把脚放到踏板上——车子在滑行。这时，汽车正在用车轮的能量给电池充电。张伯伦一直在观察，导致接女儿艾比放学晚了点。女儿还在学校排练一场圣诞节音乐会。

张伯伦看到显示屏中央有一个绿色的小球，说明现在处在"1级"能效水平，不错。一位朋友告诉他说，Volt最初加速时非常快，GM后来安装了调节器，把加速度降下来了。那是因为电动汽车和传统汽车不同，它没有档位。张伯伦说，"他们真的必须把速度降下来，要不然车主的生命都有危险。”

GM 设计的 Volt 可以灵活配备各种推进系统，这个特征给他留下了深刻的印象。后续组合时可以安装天然气、乙醇、氢或任何其他技术。这点很重要，因为没人知道化石燃料未来的发展方向。

绿色小球离中心位置还很远——张伯伦没有控制好加速度和制动。汽车的显示屏表明，他踩踏板的方式效率不高。他的电池还能跑 31 英里，油箱能跑 269 英里。

他开到了艾比的学校。张伯伦在等待的时候想连接 Volt 的蓝牙软件，但他不知道怎么操作。他最终找到了正确的按键，但座位加热机制却导致电池快速放电。电池的容量仍然有限。

在接下来的日子里，张伯伦感受到了怡人的宁静。每天小区周围的噪声——割草机、电话维修机、半挂车以及熙熙攘攘的车流——更加惹人注意，更加惹人心烦。这辆新车一路飞驰，吸引其他过往车主的评头论足。到了晚上，张伯伦在家里给车充电。白天，他在阿贡国家实验室给它充电。Volt 犹如一座圣殿。

第25章　孤注一掷

要拿下电池中心的主办权，阿贡国家实验室必须以理服人，详细解释它如何发明一种能够最终挑战汽油能量密度的电池。为了达到这个目标，阿贡召集了美国最优秀的一批电池科学家——伯克利的文卡特·斯里尼瓦桑、MIT的蒋业明、斯坦福的崔屹、阿贡内部的萨克雷和阿曼以及陶氏化学、锂离子电池公司A123、全球最大的铅酸电池制造商之一江森自控等企业的首席技术官。现在张伯伦要想带好这个团队，必须解决一个棘手的问题，那就是讨论如何划分未来各大发明的收益。如果这些合作伙伴不能确信自己对科研成果的贡献将会获得公平的奖励和回报，他们就不可能为制造更好的电池付出巨大的努力。

阿贡的律师团队和几家合作企业与电池发明者之间发生了一场争论。张伯伦夹在中间。他准备把未来所有电池专利的第一所有权授予企业。但是发明者的奖励也必须做出明确的规定。张伯伦在和企业高管会谈时表示，科学家习惯获得公开赞助权，其中包含专利使用费这种奖励。这有点像彩票——尽管他们不知道自己享有专利使用费本身的权益，但是他们仍然有权获得未来潜在的高额专利使用费。然而，公开赞助权变成私有赞助权后，毋庸置疑，科研工作将会消失。那是因为企业衡量成功的标准是公司的胜利。对于电池中心这种投资项目，陶氏化学、江森自控等企业希望一个稳定的利润方案。这样，它们能够在一个产品真正投产前5~10年对该产品定价，并且据此提前评估投资计划的可行性。虽然它们向阿贡寻求这方面的帮助很奇怪，但它们还是提出了这种要求。如果张伯伦能够确保上述稳定性，这些企业愿意接受一种让投资者满意的利润方案。

一位律师告诉张伯伦说："发明者有一种固有的利益冲突。他们不应该以任何方式、形式或模式参与任何类型的决策。"

这种认为只有科学家，而非企业才是利己主义者的观点很奇怪。它反映了一种矛盾。科学家为国家的利益从事科研活动并领取薪酬，他们可以在一项发明遇到金矿时获得私人收益。但是，这种关系是共生的——美国企业越来越依赖于国家实验室体系。他们有责任让投资者满意。

近些年来，美国的蓝筹股公司大力推崇发明创造。毫无疑问，硅谷认为自己在发明才能上的声誉实至名归。尽管如此，更加美观、实用的智能手机或者平板电脑的改进版仍然不能和电灯发明相提并论。排除大学在外的硅谷无法创造诺贝尔奖级别的科研成果，而贝尔实验室已经七次荣获诺贝尔奖。

硅谷尚未承认自己“徒有其表”，并无实才。但是，工业企业已承认这个不足之处，它们知道自己存在一个重大的缺陷：它们再也不能独立实现大飞跃了。陶氏化学正是认识到这点才渴望加入 En- Caesar 或电池中心的项目。它希望通过与阿贡的合作，公司发明下一个革新性的产品并且将其商业化。

阿贡同样热情欢迎企业加入它的项目，因为企业加入后，阿贡不仅将获得稀缺的研究资金，保持独立性，还将受到同行的尊敬，得到验证的机会。但是，律师提出质疑，那样是否表明企业将获得更多的利益？企业是否有权决定自己的薪酬和收入？

阿贡的律师回答说：“企业在这方面没有任何权力。”

张伯伦补充道：“但它们有权表示自己是否愿意工作。”

律师说：“你可以说：‘你们是否需要工作？’”

“我可以这样说吗？我不能强迫它们工作吧。”

律师表示：“如果它们不配合工作，你可以把这点加进它们的评估表，利用评估结果逼它们出局。”

张伯伦冷漠地盯着这位律师。“对于明星科学家来说，他们的工作量已经超出承受能力的150%，你那种方法太不现实了。我们只需要设计一种方法，不必制造某种烦人的竞争也能合理激励员工。”

“他们不会知道这份合同的条款内容的。”

张伯伦说，“你说得对。他们不应该了解。”

最终他们对分配方案达成一致，决定将三分之一的收入分给创造发明的机构；电池中心的每位成员自行决定给创造该项发明的科学家的分配金额。

只有张伯伦一直在保护科学家的权益。他认为科学家在等级顺序中处于下级地位，而每位科学家却在自己的实验室内可能都发挥着最大的影响力，张伯伦捍卫科学家们在各自实验室内部争取知识产权收益的权利。

他有全局观，关注的是国家利益和地缘政治因素。他希望美国在全球电池竞赛中占据上风。为此，美国必须建立自己的制造业供应链，这是主导一个行业的必要条件。这样一来，美国需要授予更多的知识产权许可，支持 Envia 等有潜力的初创企业。此外，它还需要建立一个新的发明体系，帮助 GM 和陶氏化学等行业巨头重振商业能力。

第 26 章 “问题材料”

苏吉特·库玛尔在 2007 年参观阿贡之前，NMC 在某种意义上还不存在。当他请求获得一份专利许可，并且祝贺萨克雷创造了他所谓的“唯一有机会和石油竞争的”阴极时，这位南非人以及实验室其他所有人员才认识到这项发明的独特意义。

这是基础科学实验室的本质。30 多年前，古迪纳夫和萨克雷先后取得了重要的科研成果。前者于 1980 年制备出了钴酸锂，后者于 1981 年发明了尖晶石，但在当时他们的成果还没有市场。仅仅十年后，充电锂离子电池就成为了商品。1991 年，索尼将古迪纳夫的电池进行了商业化，钴酸锂几乎成了所有笔记本电脑、智能手机、录音机以及各种使用电池的消费电子产品的关键元素。古迪纳夫的电池持续时间比此前被取代的镍氢电池更长，而且长时间使用后几乎不会出现严重的电容损失。即使过了 20 年，钴酸锂电池仍然是全球最耐用的消费电池。

不过那都是后话。当时，古迪纳夫和萨克雷基本上是由于“学术好奇心”的驱动而获得了这两项突破性的发明，并且也没有企业对他们的发明表示出一丁点兴趣，他们也从未考虑过商业应用——他们的确考虑过，在牛津大学校园散步或者在走廊上聊天时，他们谈到过对市场应用的期待。但是他们个人的收获主要还是被其他学者在论文中引用以及持续获得资助。

业界使用锂离子电池推动电动汽车发展的灵感也是后来的事。钴酸锂太昂贵，特别是其中的钴成分，所以不适合应用于乘用车。这种材料的能量密度大，在所有商业电池中居首，但是只适用于紧凑型的产品，即小型电子设备。1997 年，丰田汽车率先进入现代电动汽车领域，普锐斯混合动力车仍然使用镍氢电池。

到 21 世纪初，其他锂离子的技术也还不够成熟。萨克雷的尖晶石虽然在实验室里打败了钴酸锂，但在实际使用时这种材料很快就降解了。五六年后，降解问题才得以解决，然后尖晶石才用于 2011 年上市的 Volt 汽车。

萨克雷的 NMC 也是相同的情况。丰田汽车推出第一辆普锐斯时，他和克里斯·约翰逊在追求突破性的发明之路上进展顺利，但是他们知道汽车行业对锂离子电池暂时没有兴趣，所以他们不紧不慢，有条不紊。这次，发明的动力还是个人的好奇心。

两人在成功获得第一项 NMC 专利后，戴尔豪斯大学杰夫·达恩和新西兰科研人员也紧随其后，获得了相关专利。萨克雷和约翰逊得到同事的祝贺，在同行中的认可度也越来越高。即使在此时，萨克雷也不觉得这是一个世界无双的突破，他让阿贡的知识产权团队申请美国专利，但不用费力去实施过度的保护计划。他建议阿贡的专利许可团队不要申请国际专利。3M 公司错失了第一项 NMC 的美国专利，但仍然拥有达恩版的 NMC 专利所有权，并且为其申请了国际专利。

尽管如此，对 NMC 进行微调后的 NMC 2.0 版在电池界引起了轰动。它被誉为下一代电池材料，甚至超越了 A123 创造的商业版磷酸铁锂。A123 是电池领域的一家著名初创企业，其磷酸铁锂的化学结构以古迪纳夫的突破性原创技术为基础，能够产生爆发式的能量，因此非常适用于电动工具。但由于这种材料的平均工作电压仅为 3.3 伏，它的持久性——长距离保持充电状态的能力（汽车制造商追求的特性）——不太理想。不过，现在汽车制造商似乎准备采用这种材料了。但是，由于 NMC 2.0 版的工作电压更高，持久性更佳，所以威胁到了 A123 的领先地位。

A123 不会轻易放弃第一把交椅的位置。该公司的首席技术官巴特·莱利是一位肌肉男，他弄到了几份 NMC 2.0 版的样品。如果这种材料真的具有革新意义，莱利准备和对手握手言和，共同探讨如何为新市场做出调整。他命令手下的研究团队用各种方法测试这种材料。

莱利收到公司位于马萨诸塞州沃尔瑟姆市的实验室发来的一封电子邮件，发件人是 41 岁的韩国籍研究员姜泳恩（音译）。姜泳恩说 NMC 2.0 版似乎存在一个问题，这个问题不同寻常，它有可能彻底摧毁这种材料在汽车中的应用前景。

姜泳恩在写给莱利并抄送给其他同事的邮件中写道，那股使 NMC 2.0 版更加强大的电压似乎也能使 NMC 2.0 版发生热力学方面的改变。当高电压迫使大部分锂离子开始穿梭，并去除阴极的支柱，整个结构便尽力自我支撑，维持原状。其他原子则重新排位。镍原子取代了锂原子的位置，钴原子取代了氧原子的位置。当锂原子回位时，其原位已被其他原子占据，锂原子必须另找新的位置。热动力学使原子达到新的自然平衡状态。最终，电压稳步下降。

因此，当 NMC 2.0 版真正应用于汽车时，可能无法提供萨克雷在实验室用硬币大小的试验电池获得的稳定能量。根据姜泳恩的结论，除非控制原子的重组过程，否则这种材料不可能用于需要可靠性的汽车。如果驾驶人驾驶汽油车，他/她会希望每次在同等程度加速时，发动机都能提供基本相同的推进力——活塞每次必须持续、顺畅地提供动力。它不能第一天提供的是法拉利的加速度，第 100 天却变成了 Mini Cooper 的加速效果。电力系统的情况与此类似：第二个循环的电压应该和第五个循环相同；如果缺乏稳定性，则不可能制造出可靠、耐用十年的推进系统。

对于萨克雷和苏吉特·库玛尔来说，这也许是个坏消息，但姜泳恩的发现让莱利欣喜若狂。他听了关于 NMC 2.0 版太多热情的讨论，但从来没听人提起过这个潜在问题，即所谓的“电压衰减”。在莱利看来，这个问题给 A123 创造了一个重要机会。过去几年以来，A123 的勇气、精明、速度似乎令其他私有电池公司难以与之匹敌。如果姜泳恩真是第一位发现电压衰减现象的研究人员，他和 A123 也有可能率先解决这个问题。A123 可以为这个解决方案申请专利，使 NMC 2.0 版应用于电动汽车行业，然后从中获利。

莱利打了一连串的电话，主要是打给杰夫·张伯伦和苏吉特·库玛尔的。他问了两人相同的问题：你们现在准备如何解决电压衰减的问题？张伯伦回答说：“我去确认一下。”库玛尔给了一个相似的回答。显然两人都不了解这个问题。

有一次，莱利参加一个在加拿大蒙特利尔举办的电池会议，他碰到了萨克雷。莱利说：“你知道的，你的材料有个问题。它可能是一个致命的因素。”

萨克雷说，“我们必须解决这个问题。”事实上，最近电池部提到过这个电压问题，但在遇到莱利之前，萨克雷一直没有意识到它的重要性。

回到阿贡后，萨克雷和康孙赫确认了一下。几个月前，韩国人康孙赫发现 NMC 2.0 版的电压不稳定。康孙赫后来去了三星。和 A123 的同行一样，康孙赫心想，如果无法阻止电压衰减，NMC 2.0 版材料就不能在汽车上使用。Volt 不会受到这个问题的影响。它使用的是 1.0 版的 NMC 材料，这种材料不会经历增压过程；最大电压为 4.3 伏，低于激活 NMC 2.0 版材料中原子级混乱的 4.5 伏。

莱利的意思是那批购买了 NMC 2.0 版专利许可的公司，不仅包括 Envia，还有巴斯夫、GM、LG 和户田工业，拿到的是一种存在严重缺陷的产品。正如他的研究员所述，NMC 2.0 版也许不能发挥购买时确定的那种用途——里程更远、成本更低的电动汽车。至少在当前状态下，它也许只能用于更低的电压，这样一来，它的性能就和 20 年前商业化的钴酸锂电池没有太大的差别。所以，企业可能就没有理由负担转换到 NMC 2.0 版的费用。

如果你问电池科研人员，他们在哪个阶段发现 NMC 2.0 版存在问题，他们的反应会有点紧张。他们首先默不作声，然后环顾四周，最终才给出不太准确的回答。这让人觉得他们都不知道准确的答案或者不想透露答案。因此，如果你坦诚面对这个情况，你必然会得出这个结论：阿贡事实上向这些公司出售了一项存在缺陷的发明。这些公司并不能摆脱干系——批准专利许可交易的工程师、风险资本投资者以及其他高管和员工也都很难向他们的老板交代。如果要说主要责任方的话，那应该是萨克雷的团队，因为他们的名字就写在专利里。

张伯伦是这场谈判中阿贡一方的带头人，他简单地回答说：“我们不知道这个事情。”但是，这怎么可能呢？他说：“因为产品制造不是科学家的目标。你得分析某个数据集，才能发现‘电压衰减’。”“如果你关注的是另一个只考虑容量的数据集，其实会错过这个电压曲线。”他补充道：“所以和企业界保持互动和交流非常重要，因为如果你要制造一个产品，比如汽车里使用的电池，你得关注类似的各种类似的问题。

张伯伦描述的情况正是莱利的团队可能占据先机的突破口。之所以没有人注意到电压衰减，是因为其他重要电池化学反应中不存在这个问题。所以，当电池研究人员评估这个新的化学反应时，他们跳过了电压。莱利说：“这是一个盲点。”

早在2007年，萨克雷和康孙赫发表论文时就披露了NMC 2.0版的缺陷。这些论文包括描绘电压衰减现象的图表。萨克雷认为，这说明莱利的偶然发现并不是什么新鲜事。不过，他说错了。萨克雷和康孙赫不知道电压衰减版可能搅了NMC 2.0版的局，所以发表那些图表时并没有解释这个现象的重要性，但是莱利对这个问题一清二楚。

至于为什么姜泳恩检查出了这个问题，康孙赫说是他亲自把消息透露给这位A123的同行的。但如果是这样，姜泳恩在20世纪90年代末的博士论文中就发现一个阴极存在相似的现象，他那时离“电压衰减”这个现象就已经不远了。因此，姜泳恩和莱利可以更快地取得并报告他们的研究成果。

无论如何，莱利手握他所谓的科技界“重磅消息”，开始与张伯伦和库玛尔谈判。对于后者，他抛出了一根诱人的“橄榄枝”——A123和Envia共同启动为期一年的“电压衰减”联合研究项目。如果项目取得成功，即解决了电压衰减的问题，A123将以1.20亿美元的价格收购Envia。

库玛尔把这个方案转达给了Envia公司董事会，董事会认为莱利实质上是企图盗取Envia。董事会表示，如果Envia解决了电压衰减的问题，它就不需要和A123建立任何关系——莱利在他的方案中没有承担任何风险。相反，库玛尔自己倒是责任重大，因为他要想方设法解决电压衰减的问题。

大概在这个时候，康孙赫正在开车前往黄石国家公园的路上，突然手机响了。一位朋友传来噩耗。姜泳恩在睡觉时心脏病意外发作，离开人世，年仅42岁。

A123缺少了姜泳恩的智力领导，很快就被公司的生产能力等其他问题分散了精力。销售额的增速低于公司创始人的预期，莱利也把解决电压衰减问题的计划从议事日程中删除了。

很少有电池科研人员会认同莱利和康孙赫的评估结果。即使他俩是对的，这种动力电池的市场还处于萌芽状态，市场似乎不可能很快就需要那种令A123有关人士“忧心忡忡”的电池组。目前，企业界也没有产生对其他新型电池的需求。所以，电池科研人员并不急于深入研究这种化学反应。

但是，这时企业界突然改变了主意。GM、日产汽车、福特汽车等全球汽车制造商开始寻找能提高普锐斯里程的电池。它们认为，NMC 2.0版最有可能满足它们的需求。

康孙赫和他的年轻同事凯文·盖拉格相信，NMC 2.0版确实存在电压衰减问题。除非他们能够解决这个问题，否则这种复合材料一旦用于汽车，必然失效。

他们花了几个月的时间都没有把这个问题解决，他们只发现了导致这个问题恶化的条件。

2010 年 10 月，一场大型的电池会议将在拉斯维加斯举行。当时，似乎只有阿贡、Envia 和 A123 在讨论电压衰减的潜在问题。康孙赫对盖拉格说，他应该公开披露这个问题。盖拉格有点紧张，他凭什么要去捅破 NMC 2.0 版的“马蜂窝”呢？然而康孙赫却说：“我感觉我有这个责任。如果我们知道这个问题的存在，我们必须公之于众，这样大家都能想办法解决它。我们也要尽力解决它。”

盖拉格在会上做了报告。他说，这种高容量的材料仍然很棒，但有一个缺点，那就是当你用 4.5 伏以上的电压激活 NMC 时，会引发电压衰减的现象。他没有重复莱利那个悲观的预测，而是提醒企业界注意 NMC 2.0 版存在这个缺陷。

此后不久，康孙赫宣布他将加入三星。美国能源部的员工召集他到华盛顿，他们想了解电压衰减的详细情况。于是，在他启程前往韩国首尔的前几天，康孙赫带着他的 PPT 与能源部的六位员工会面。他传递的核心信息与 A123 类似：NMC 2.0 版需要一个根本的解决方案。

电池领域的一些顶尖科学家怎么会忽视这种基本的缺陷？康孙赫说，电压衰减是一个非常致命的问题。据张伯伦所述，如果你利用标准的测量工具，检查它的容量，确定电池的稳定性，你会发现 NMC 2.0 版一切正常。经过多个循环，你会观察到稳定的复合结构。这是萨克雷和约翰逊观察的结果，他们在发明中也报告了这个结果。只有当你融入稳定性指标后，电压衰减才会变得显而易见，这类标准在企业界习以为常，但在研究实验室里却极其少见。只有那样，你才会发现 NMC 2.0 版存在严重的缺陷。

美国能源部官员彼得·法盖伊留着胡子，非常健谈。一天，他到阿贡拜访电池科研人员。他是与康孙赫会谈的六位官员之一。现在，他与张伯伦和萨克雷坐在阿贡的一间小会议室里。

法盖伊说：“你们得组织一个大团队来搞这个。”他说的“这个”是指电压衰减问题。“我们必须在 3 ~6 个月解决这个问题。”不能再浪费时间了。

阿贡的科学家都盯着法盖伊。他们基本上同意他的评价，但是他建议的截止日期有点可笑。萨克雷后来表示：“这似乎不太现实。”他们当场没有提出质疑，但法盖伊刚走，他们很快就把这个指示抛在脑后。

尽管这个缺陷极其恶劣，但这些电池科学家看起来仍然很淡定——至少在表面上如此，这让人匪夷所思。然而，这种反应源于历来的职责分工：一项发明走出实验室后，特别在它已经被授予专利许可后，科学家就会投入下一个项目。萨克雷似乎对自己研发的这种标志性材料的声誉毫不在意。他和一位博士后助理试图解决“电压衰减”问题时，他表现得镇定自若。

几个月过去了。张伯伦和他新来的副手汤尼·布雷尔应邀到华盛顿开会。

美国能源部的电池开发主管戴维·霍伟尔是法盖伊的上级。霍伟尔说，“解决这个该死的问题”。

张伯伦说，他并没有完全忽视法盖伊先前的指示。他说，他制定了攻克“电压衰减”难题的方案。他会在阿贡组建一个团队，专门研究 NMC 2.0 版的这个问题。这个方案需要花费几百万美元，费用由能源部和几个许可公司分摊。他相信这个方案有机会成功。

霍伟尔说：“你的预算有很多资金。用点吧。”他似乎有点不耐烦。张伯伦应该把他的预算用于解决电压衰减难题的这个方案上，因为这个方案有助于成功研发 NMC 2.0 版。他不会再拨一分钱了。

随后，张伯伦私下和霍伟尔聊天时问，是不是有公司给他施压，导致他往下大力施压。霍伟尔说，没有，没有企业给他施压。张伯伦看得出，霍伟尔对企业界可能失望感到担忧。他希望避免 GM 或任何其他企业怒气冲冲地打来电话。考虑到美国政府的日程和 NMC 专利许可的广泛宣传，即使总统亲自来电话，霍伟尔可能也不会感到惊讶。

如果阿贡解决了这个问题，就不可能接到这种电话。如果确实接到了这种电话又没有解决方案，最好的回答是说他已经派遣手下所有人员以史无前例的力度寻找答案。

一个月后，布雷尔打电话向霍伟尔汇报了阿贡的计划。实验室将围绕解决“电压衰减”难题这个目标重组整个电池部。部门里几乎所有研究人员都将参与进来，实验室其他部门的一些专家也会临时参与其中。他们会探寻电压衰减的根源，然后寻找解决方法。这个方案每年将要耗资 400 万美元，所有资金从能源部资助阿贡的其他项目经费中调拨。阿贡预计进度上会有所延迟——答案可能数周或数月后都出不来。它可能需要 3 ~4 年的努力。这个方案可能不会成功，如果觉得有可能失败，他们会尽早终止行动。

法盖伊仍然不满意。你是在用砖块建楼，只有下面一块砖砌好了，你才能在上面砌新的砖。电压衰减是电动汽车这座楼房里一个松动的砖块。他认为面对略显低迷的美国经济，NMC 2.0 版有望支撑新兴产业的发展。全球的汽车公司都觉得它在目前现有的材料当中能量密度、容量和电压最佳。法盖伊说：“这是我们在未来五年里推动美国产业发展的最佳契机。”但提前是它得确实像宣传的那样有效运行。美国能源部和阿贡有责任解决这个问题。他尽量降低要求，但布雷尔提出来的四年期限太长了。他说：“我们不期望你们几个月后就解决这个问题，但我们肯定也不希望连续三年都往里面投钱。”折中的期限是 18 个月，到时候他希望得到一个解决方案，或者至少一份关于“解决方案基础”的说明。

现在，电压衰减成为电池领域最重要的挑战之一。

第 27 章　工程解决方案

Envia 公司的会议室墙上装饰了一幅碳酸锂堆在田野里的照片，白色粉末堆成了金字塔形状。一块牌匾上说明这是 Envia 和阿贡 2009 年合作研制的 NMC 产品。墙角摆放着 Envia 的双肩包，桌上放有公司的圆柱形电池和扁平形电池样品。墙上还挂了一块牌匾，上面写着“Envia 价值观”，其中包括“解决问题，而不仅限于项目管理”以及“研发产品，而不仅限于专利”。

库玛尔和三位科学家站在一起。他介绍说：“这是我们的核心研发小组。”查得・鲍林，肯塔基州路易斯维尔市人，白色皮肤、金发碧眼，不苟言笑，2009 年毕业于斯坦福大学，获得化学工程学士学位。斯坦福的工程专业毕业生通常都是高科技行业里的香饽饽，但是由于经济不景气，鲍林找不到合适的工作。他每天吃着豆饼卷，开始去餐厅找服务员的工作。后来，鲍林以前的一位教授把他推荐给库玛尔。Envia 正想招聘一位拥有博士学位的科学家。库玛尔和鲍林交流后，同意让他先做实习生，试用一下。六个月后，鲍林被晋升为全职的技术员。

库玛尔说：“我们叫他‘查得博士’。”正常情况下鲍林现在的岗位需要一名博士，但是“查得正在 Envia 大学读博士呢。”

鲍林说：“对啊，说得没错。”他的声音很坚定，举止很平静。

鲍林在物理学家兼材料学家曼尼・文卡塔查拉姆手下工作。文卡塔查拉姆来自于印度南部的泰米尔纳德邦，他是库玛尔手下的首席电化学家。库玛尔要求他“全力以赴，超越众人——追求最大的容量、最强的动力、最高的电压。不用担心客户。做你想做的事。”

这个小组的目标之一是攻克“电压衰减”这个难题。和其他人一样，库玛尔接到莱利的电话后才知道这个盲点。A123 的首席技术官说得对——这个问题需要妥善解决。库玛尔对 Envia 处理衰减的方法是对公司“电压衰减小组”成员鲍林和文卡塔查拉姆的具体进度和结果秘而不宣。你可以看到鲍林制作电极、薄片和硬币大小的试验电池，然后把结果交给文卡塔查拉姆和研究小组其他成员，其他成员再评价他的数据。他们会谈到“纳米覆层”及其组成元素。但是，考虑到研究成功后的价值，大家对混合物中各种成分的具体数量等细节避而不谈。负责这个难题的工作小组里没人会公开谈论他们的研究。

二十多个人陆续走进白色的会议室。每个人手里都拿着一台笔记本电脑，先放在长长的方形会议桌上，然后打开电脑，坐下来。库玛尔让鲍林发言。

鲍林一边播放幻灯片，一边解释说："大概一个小时前我刚刚拿到这些数字。我按照正常的流程搅拌了五个小时，然后涂上氧化覆层，再搅拌两小时，一共用了七个小时。然后，对第二种混合物采取同样的步骤。"

其中一位科学家问："这样就不会起火了吗？"

鲍林回答说："不会，它只会形成一个覆层，然后形成另一个覆层。"

他接着说，复合物涂上铝的覆层后最能有效地抑制电压衰减。现在的问题是什么样的比例和厚度。他正在使用扫描电子显微镜检查铝所含的各种杂质，确定各种杂质的最佳尺寸。

他说："放大 10000 倍后就能看得相当清楚。"

库玛尔称赞道："显微镜太棒了。"

鲍林继续播放幻灯片，说明当他把更厚的覆层涂在电极上时，电压衰减似乎接近水平线。库玛尔赞叹地说，"这可是一大突破啊"。他的声音表明他越来越激动。

鲍林平静地回答道："这绝对是最显著的一次平均电压改进。而且它没有封顶的迹象。我的意思是说，就如我们做到的这样，电压衰减问题在持续改善。"

库玛尔说："我们可以再多消除一点衰减。"他靠在椅背上。大家都很安静。

库玛尔指着一张幻灯片上的一个部分说："这是全世界关注的焦点。他们的衰减超过 10%，而现在我们至少消除了 8%，基本解决了这个问题。我们还会消除最后的 2%，对吗？最后 2% 或者 3%？"

有人说："现在是最后的 1%。"

库玛尔说："那不错。真的很棒。所以，我们离解决这个问题的目标非常、非常地近了。"

所有研究人员都离开会议室后，库玛尔说："查得的实验能力在我见过的人当中属于顶尖水平。现在很多科学家都在试图解决这个问题。而我们已经遥遥领先了。"他接着说："一旦有一个样品表明已经消除了电压衰减的现象，我们就能知道我们解决了这个问题。我们再倒退回去说，'好的，解决这个问题的真正方法是什么'，然后科研成果就出来了。"

他的意思是说，你可以捣鼓出一个满意的结果，但是捣鼓并不能解释原子为何会进行不同的活动。当你深入探究原因时，你就能为这个领域做出贡献。你的答案也许对任何一位客户都不重要，但是至少他们自己能够自圆其说，这本身就很重要。

库玛尔正是这样不断探寻电压衰减的解决方案。对于一家初创企业，乃至任何一个私有公司来说，它们常常没有时间深挖某个问题在原子层面的细节，然后彻底根除问题，而这却是阿贡的科研方式。对于企业来说，你会根据自己的直觉绕开某个症结，让系统尽可能正常地运行。这样的结果可能不太理想，但却足以销售 Envia 自己的 NMC 2.0 版了。

NMC 2.0 版正在经受考验。Envia 就解决电池难题与阿贡、伯克利以及多所大学签署了合作协议，同时，美国能源部密切关注该公司的 NMC 2.0 版。尽管如此，库玛尔还要谨慎区分自己的工作任务，以免危及 Envia 与 GM 或其他汽车制造商的协议。几个月前，能源部一位官员对库玛尔说：“你们最好是早点，而不是晚点提交解决方案。你们欠我一个答复呢。”库玛尔当时回答道：“我的员工效率已经非常高了。我不希望他们工作时有更多的压力。”然后，他跟下属员工说：“不要担心任何截止日期，任何时间期限。按照你们喜欢的方式去做。大胆尝试这样或那样疯狂的想法。”Envia 是一家初创企业，不是国家实验室。大家关注的重点不同。

库玛尔回想起一年前他最开始解决这个问题的时候。对于这个材料为何在电压提高时开始变得不稳定，他的团队讨论过不同的理论。这种变化是在材料内部深处，还是材料表面发生的呢？如果它发生在内部，可以加入掺杂剂[1]，触发不同的反应。如果它发生在表面，可以涂上涂层，以改变表面接触电解液时的反应。初步的数据指向表面，所以这个小组制作了一份各种可能促进稳定性的纳米涂层清单。其中有几种涂层不慎阻止了锂离子进行适当的穿梭。不过，鲍林和文卡塔查拉姆混合两种不同的涂层使用后发现，无论他们给阴极涂上多厚的涂层，锂离子都能顺畅移动。

库玛尔知道最终的答案就是几种涂层的合成物。但是，他还不确定这种合成物阻止了什么东西或者它为何能够成功阻止这种东西。他没有解决这个疑问的试验设备。Envia 以北 20 英里的劳伦斯伯克利国家实验室（LBL）有一个强大的透射电子显微镜，该设备可以用很高的分辨率探视材料深处。这台设备每小时收费 400 美元。库玛尔需要分析很多样品，每个样品的费用在 5000 ~ 10000 美元。他说，他估计总费用可能超过 10 万美元，这样搞科研成本太高了。

还有一个办法，他可以给 LBL 提交一份方案，说服对方动用它的联邦资金做这个试验。但那样的话，库玛尔必须发表他的研究成果。这是法律规定——因为纳税人为你的科研项目买单，你不公开科研成果就是对纳税人不公平。

由于库玛尔希望保守 Envia 的专业技术机密，最好的办法是花钱。但那样违背了库玛尔和卡帕迪亚“现金为王”的理念。

库玛尔找到一位在 LBL 工作的朋友。他说：“我想拿一些材料给你，你帮我分析，但你要把所有材料还给我，保留我的知识产权。”他接着问，他不想花钱，有

---

[1] 给晶体管、二极管等纯半导体材料中加入少量的硼等物质，可以改变半导体材料的导电率。——译者注

什么办法实现这个目的吗？

他无法实现这个目的。

虽然阿贡的萨克雷和他的团队嘴上没说什么，但是他们看上去很担心 Envia 这家被许可的初创企业有可能率先找到“电压衰减”谜题的解决方案。根据企业界的传言，Envia 马上要找到答案了。表面上，他们都预祝 Envia 好运。它的成功就等于阿贡的胜利。但是，如果 Envia 真的找到答案，那会给阿贡留下不好的口碑，公众会觉得阿贡不能收拾自己造成的混乱局面。

法盖伊觉得不只有 Envia 在努力寻找这个解决方案。虽然离真正解决电压衰减难题还有距离，但其他的 NMC 商业被许可方似乎也在寻找一条恢复这种材料适用性的捷径。即使这条捷径的效果不如承诺的理想，它仍然可以改进当前的化学反应。它们既然购买了 NMC 的专利许可，就要把这种材料用于智能手机和其他电子设备里。他说，到这个阶段，“它们会就此了解这件事的”。

但是，对于他和霍伟尔来说，这种结果还不够理想。美国能源部希望对阴极内部“发生的问题弄个一清二楚”并且拿到“各种各样的解决方案”。

展望未来，法盖伊认为这件事是对将来各种“噩梦”的一个“彩排”。全球电池竞赛隐含着一系列未知的糟糕问题，而在小批量产品或国家实验室制造的硬币大小的电池中是无法发现这些问题的。你用一吨材料和几百个电池反复充电、放电，才能使问题浮出水面。只有那样，你才能思考让这种技术应用于汽车所需的解决方案。“电压衰减”是能源部以及阿贡处理未来危机的一次预演。

第 28 章　深究“电压衰减”难题

萨克雷带上他的博士后助理杰森·克洛伊去加利福尼亚州拜访库玛尔。此行的目的是了解库玛尔究竟在干什么，以及他离“电压衰减”的解决方案还有多远。

37 岁的克洛伊是一位物理学家，身材瘦小，金色头发，留着平头。笑容可掬的他去年刚刚研究生毕业。他从小在印第安纳州只有 1800 人的弗兰克顿小镇上生活，很晚才接触物理学。高中毕业后，他与哥哥约翰尼和三个朋友组成了一支名叫“康涅狄格人”（Connecticut Yankee）的重金属乐队，在美国中西部巡演了 9 年。克洛伊是主唱，约翰尼是贝斯手。他们有两张原创唱片，其中有一首歌的歌名叫“$F=G(M_1M_2/D^2)$”，这是牛顿计算万有引力的公式。他对科学一直抱有兴趣。他不仅亲手做了一个望远镜，还在鲍尔州立大学读了一门天文学课程。一天，一位讲师介绍了用等离子体物理学认识核聚变——两个原子核结合成更大的核并释放出能量的核反应过程，它是太阳的动力源泉——的方法，克洛伊“认为这是我所看到过的最伟大的东西”。他报读了全日制班，然后获得了中佛罗里达州大学（UCF）的博士学位。克洛伊的理想是“创造某种发挥真正影响力的东西”。2011 年，萨克雷发布了一个博士后空缺职位，主要研究阿贡的高级光子源——这是一种长 1097 米的电磁环，可产生供研究人员检查已制成材料的强烈 X 射线。他们将高级光子源称为“光束”。他们把自己从事光束研究的时间称为“光束时间”。这种颇具价值的工具，与这个工具打交道的岗位备受青睐，因为它能为制成材料的原子结构生成深度的图像。尽管年龄比多数应聘人员大 10 岁，克洛伊还是得到了这个职位。

克洛伊在这个领域具有多年的经验，因此工作起来游刃有余，气场逼人。萨克雷在公共场合演讲的能力就很强，但看过克洛伊几次演讲，他似乎更喜欢让这位晚辈介绍他们的研究成果。在 Envia 的会议室里，库玛尔向来自阿贡的客人介绍他召集过来的研究人员，并且表示 Envia 的存在离不开萨克雷的功劳。Envia 的研究人员显然非常高兴见到 NMC 发明者本人。现在他们都把目光转向站着的克洛伊。克洛伊说，报告假设我们可以从两个角度理解“电压衰减”：它能够被修复或者永远不可管控，后者的依据是最基础的能量物理学——热动力学的永恒法则。他说，答案实际上包含这两种情况：“电压衰减”的问题挑战了基础物理学的限制，但却可以得到解决。为达到目的，他和萨克雷用光束线㊀探视 NMC 的内部。

他们发现，镍和锰都有“漫游癖”。这两种金属喜欢在各层之间移动。这是它们的本性——锂离子穿梭到阳极时会从阴极带出一点氧气，镍和锰不得不依次移动，以重新寻找适当的平衡。这些金属稳定下来后，这个材料本身已经发生改变——它的电压等级与此前截然不同。对于汽车制造商而言，这种转变难以接受。但是，你有什么办法阻止这种变化吗？

萨克雷提出了几种解决方法，其中一种非常优雅：满足镍和锰的漫游癖。他建议研究人员顺应物理学法则，然后利用这些法则。为此，克洛伊人为制造了一种 NMC 2.0 版，使锰和镍处于激活后的平衡状态。这样的结果是一个能量更低的阴极——它可以达到 0.19 千瓦时/千克的电能水平，或者略微超出最初估值的三分之二。但是，它避免了电压的混乱状态。它不仅稳定，而且可用，这是一大进步。

克洛伊向 Envia 的工作小组解释说，这个方法最初是用来在酸、水和硝酸镍中处理 Li_2MnO_3 的。它能析出锂离子和部分氧。这一物质变化打乱了阴极的晶格——镍现在不处于化学原理规定的位置。但是目前这个关系不大。克洛伊让水蒸发。他稳住此前移走的锂离子，加热各组分。然后，他慢慢冷却各组分。最终得到一种重构后具有分层复合结构的稳定锰镍混合物。锂离子来回穿梭时，镍原子起到支撑整个结构的支架作用。他和萨克雷已经为这种新的 NMC 2.0 版制造方法申请了专利。两周后，他们会用新的发现和主张修订这份专利申请。

萨克雷让克洛伊做这次私人报告的目的是想通过披露的事实或提出的问题，尽量掌握有关 Envia 进度的所有细节。这个南非人和大多数阿贡的员工一样，渴望了解这个纽瓦克实验室在 NMC 2.0 版上的最新进展。

同样，库玛尔也认为有必要与萨克雷交流想法。萨克雷比其他人更懂这个材料。在此之前，库玛尔虽然不排除在热动力学方面出现问题的可能性，但他一直坚持自己的工程学方法，不管物理学的问题，只想让 NMC 2.0 版发挥正常功能。现在，库玛尔坐在萨克雷前面，意识到自己的团队也许已尽力取得了最大的成就。他的团队只是想方设法消除在 NMC 激活相对微弱的“电压衰减”之前出现的问题——他们的电压并没有超过 4.5 伏。但是，某些问题不能仅凭工程学的方法解决——为了理解这个材料在激活之后发生的事情，库玛尔和他的科研人员需要求助于物理学。

在后续的讨论中，库玛尔说他想和阿贡的同行合作，萨克雷也有同感。Envia 和卡哈尔·阿曼之前合作过，但是那个项目的商业敏感性不如 NMC 2.0 版项目。

㊀ 光束线是一种大型的光谱仪设备，最基本的作用是连续同步辐射光的传输、单色化和聚焦。——译者注

现在的关键问题是知识产权。库玛尔担心，如果他与萨克雷和克洛伊合作，任何新的发现都可能泄露给阿贡的其他 NMC 被许可方，这首先就会危及他在合作中的商业优势。对于萨克雷来说，他的担忧恰恰与此相反——他如何才能做到在和库玛尔合作的同时创造新的公共知识呢?

双方交流了三个多小时。萨克雷和克洛伊得去赶飞机。萨克雷打算回芝加哥后和张伯伦讨论如何在与 Envia 合作的同时保护双方的利益。另外，此行之后这两位阿贡的代表也减少了对库玛尔的担忧。两人都认为 Envia 在“电压衰减”方面并未取得什么突破。

萨克雷和克洛伊谈到在“电压衰减”之前应该人为制造一个平衡版的 NMC 2.0 版，随即他们脑海中浮现出这种材料的原子级形状。萨克雷在一篇已发表的论文中用图画的形式再现了这个图像——袋状的锰和镍平均分布后形成的鲜花图案。NMC 2.0 版中多余的锰——Li_2MnO_3——主要决定了电池的卓越性能，同时也导致了电池的不稳定性。只要靠近镍，锰就会稳定下来，并且停止摇动整个结构。因此，无论把锰放在哪里，最好确保镍在锰的附近。鲜花图案是这种平衡状态的最佳体现。

能在纳米级别重现这种鲜花图案吗? 萨克雷说，他们从来没有真正观察到这种纳米级的鲜花图案，所以无法确定能否形成这种图案。对此，克洛伊的信心稍微多一点。他觉得他和萨克雷“在某种程度上”可以制作镍锰鲜花图案，不过仍会留下一些独立的结块。克洛伊说：“我们很难制造和你的设想一模一样的东西，让这个东西保持不变就更难了。这就好比人变老了，身体会逐渐衰退。我们无法阻止这个过程! 所以，我们想方设法延缓衰老。我们需要为电池找到类似的方法。”

克洛伊盯着他的显示屏，上面交叉排列着几张充电放电图。他还能看到墙上贴着八张这样的图像。他仍然对 NMC 2.0 版的易变性感到焦虑。你可能会问他为什么焦虑。如果给任何一座大楼施加最高的电压，接着把大楼的一个主要部分移走，大楼可能就会倒塌。对于 NMC 2.0 版而言，将一些原子反复脱出和嵌入电极，电极难道不会自然旋转吗? 克洛伊说，事实正是这样，但“我们把它放回去后，我们还是希望它回归原状。”

萨克雷和克洛伊似乎不再奢望实现 NMC 2.0 版的预期性能了。他们不可能达到每克 280 毫安小时的最初目标，但如果幸运的话，他们可能实现每克 230 毫安小时这个稳定的目标。追求更高目标就是贪婪。克洛伊表示：“这就像是让我变成泰格·伍兹一样。我可以热爱高尔夫，经常练习，但我怎么也不可能变成他。”

两三位电池科研人员建议继续与物理学做斗争。他们主张给 NMC 2.0 版晶格加入支柱。他们认为，纳米级别的金属原子，如果占据战略位置，可能在锂离子穿梭时支撑起晶格的结构，防止因垮塌恐慌而激发镍和锰迅速进入救援状态。克洛伊沿着走廊走到 X-165 实验室，准备试验一下这个想法。

刚一进门，他就穿上一件白色实验室外套，戴上蓝色手套和防护镜。然后，他找到一个贴有“Li_2MnO_3”的小塑料罐和一个烧杯。他把一张扁平、四方的箔纸垫在这两样物品下面，旁边放着一把刮铲和一根细长的吸液管。他拿起一个装有硝酸和适量水的容器，将溶液倒入烧杯，再小心翼翼地把烧杯放进自动磁性搅拌器。然后，克洛伊拿起另一小张铝箔，折叠四个边，形成一条边缘。他用一个大拇指在铝箔上做出一个空间，以便收集材料的晶体。金属可能为阴极提供支撑，但克洛伊认为它们还能移动到锂离子和氧穿梭时形成的空穴里。如果这些金属填满了空穴，锰和镍可能被迫待在原位，无法移动。无论如何，他都可能抑制电压衰减。

克洛伊将铝箔放在秤盘上，浏览一下一份手写的配方手册。第一步，将0.1927克的硝酸铝溶入溶液。他按要求完成了第一步。他说，“现在是钴”，然后将0.1495克的红色晶体洒入溶液，再搅拌一下。接下来是绿色的硝酸镍薄片，剂量是1.3609克。现在溶液变成粉红色了。他再加入2克的Li_2MnO_3，这种粉末是铁锈的颜色，克洛伊说：“有点像火星的表面。”这时，溶液变成淡绿色。分量足够几次实验用了。他用铝箔盖住溶液，放到金属旋转机上，让它旋转一晚，这样全部的化学反应都将完成。然后，他用烤箱把溶液烘干，再进行研磨。之后放进熔炉，然后再次研磨，用筛子筛选，确保所有颗粒小于规定的体积。然后，他再将溶液制成一个50微米厚的薄层。整个过程需要2~3天。

此前，克洛伊用硝酸镍原子做过同样的实验，但效果不如预期的理想。虽然电压更加稳定，这表明硝酸镍的确形成了支柱，但电压太低。他们的目标是保持电压的稳定性并且提高电压。克洛伊准备再试一次。与上次不同，他不会把支柱放在阴极的金属薄层内，而是放在锂离子之间。他还打算用铝和锰的原子代替硝酸镍。也许下一次他们能够取得不同的效果。

PART 3
第 3 部分　算计

第 29 章　奥兰多大会

2012 年 2 月，大约有一千人聚集在佛罗里达州奥兰多市的高级高尔夫度假区 ChampionsGate。电池行业一般有两种类型的会议，一种是追求突破性科技成果的研究人员和技术专家参加的科学集会，另一种是商人和销售人员出席的行业活动。奥兰多大会属于后者。与会的商业界代表郁郁寡欢。美国消费者不再抢购电动汽车了：2011 年，GM 只销售了 7671 辆 Volt 汽车，低于 10000 辆的预期目标。奥巴马曾经预计，到 2015 年将有 100 万辆电动汽车在美国道路上奔跑。现在，即使把 2011 年销售的 9674 辆日本人制造的日产 Leaf 汽车算进来，恐怕也达不到那个目标了。

2012 年 1 月，Volt 的销量只有 603 辆，形势似乎更加明确。中国的电动汽车总销量为 8159 辆，不到美国的电动汽车总销量的一半。这似乎让人更加忧虑了。在一次会议上，一个日本的演讲者和一位美国的销售人员进行了这样一段对话，无疑是雪上加霜。

美国人："对于我们最新进入这个行业的人，你有什么建议吗?"

日本人："换一份新的工作吧。"

日本人相信，比赛已经结束。他们和他们的普锐斯已经获胜。2011 年，丰田汽车在全球销售了近 400 万辆混合动力车，其中在仅次于中国的全球第二大汽车市场美国就卖了 136463 辆普锐斯。日本消费者购买了 252000 辆普锐斯。奥巴马总统和万钢部长预期的市场转型最终有望实现。但是，最近 10 年内实现这个目标不太现实。最早要到 21 世纪 20 年代，电动汽车才能成为一种小众产品。然而，这个期限对于 ChampionsGate 的西方人士来说为时已晚。他们与日本人和韩国人不同，很少有企业的预算能够支撑那么久。前两三年的狂热开始降温。

正在此时，埃克森美孚公司发布了一份长达 51 页的报告，展望 2040 年的世界能源形势。这种预测未来的尝试虽然了不起，但不可能十分准确，时隔几十年后更是如此。即使是埃克森美孚这样的企业，也会持续调整发展计划。然而，石油和天然气项目的成本高达数十亿美元，即便项目成功后，要想盈利也得等上几十年，所以，这种预测很有必要。它能帮助企业对未来的世界形成基本的认识，从而开展统一的投资项目。

这份展望报告对电池和电动汽车做出了令人瞩目的预言。它首先预测25年后油气将满足全球60%的能源需求。这实际上比2010年的55%有所增长。这个预测几乎具有绝对性质——根据埃克森美孚的预测，油气持续的主导地位将不会遇到任何具体的威胁。生物燃料、太阳能、风能和其他非化石燃料和技术似乎注定要长期处于边缘地位。

不过，电池就要另当别论了。埃克森美孚的“编剧”可能还记得该公司30年前匆忙将锂离子技术转让给了日本企业，所以他们将电池确定为有可能颠覆世界的少数几个的未知因素之一。埃克森美孚没有说明具体情况，只是表示如果研究人员能在电池技术领域取得重大进展的话，比如性能提高4~5倍，他们将有望极大地削弱石油的地位。随着越来越多的消费者选择购买更加安静、经济的电动汽车，汽车和卡车车队所需的汽油量将大大减少。到2040年，全球的汽车保有量仍将翻一番，达到16亿辆左右，但如果电动汽车占一大部分，石油公司将必须转型为规模更小、效率更高的企业。

事实上，埃克森美孚确实预测了电动汽车的某种发展趋势——它认为，到2040年，电动汽车将占全球汽车保有量的近一半。但是，大部分电动汽车都是混合动力车，比如：普锐斯美其名曰电动汽车，它装有婴儿体形大小的电池，关掉发动机后只能行驶五六英里。插电式混合动力车和纯电动汽车将占2.5%的市场份额，总量达到4000万辆左右，这个数字非常惊人。不过，它与6.8亿辆普锐斯式的混合动力车比起来真是小巫见大巫。这个预测没有真实反映电动汽车的发展前景。

真正的转型是：2025年或2030年后销售的全部汽车中至少三分之二将配备某种形式的电动技术。至于其中的原因，你可以得出自己的结论。一个重要的影响可能是消费者的喜好。未来某个时候，美国人可能拒绝驾驶汽油驱动的汽车。与此类似的是，在20世纪60年代中期，美国前总统林登·约翰逊的夫人伯德·约翰逊积极推动实施“美丽工程”后，美国的车主大部分停止了向车窗外扔垃圾。到那时，考虑购买未配备省油型电动推进系统的车型的小众消费者将越来越少。当然也有其他的因素，但主要的因素是车主愿意转型。

更棘手的问题是为什么30年后纯电动汽车市场仍然不够成熟。按照埃克森美孚的观点，原因在于电动汽车在买家注重的多个指标方面都不能和内燃机媲美。就目前的市场而言，汽油是每加仑3.50~4.00美元，只需要4年的时间，一位普锐斯的车主节省的燃油费用就相当于普锐斯的超额成本。日产的纯电动汽车Leaf则不然。这款汽车的售价大概高出同类型汽油驱动汽车12000美元。在5年的贷款期限内，汽油必须达到每加仑10美元才能弥补这个售价差额。所以，纯电动汽车的车主可以省汽油，但可能无法补偿汽车的超额成本。埃克森美孚预计，这个价格差额基本上要持续到2040年。

华尔街与悲观主义者站在同一阵营。在此前后，花旗集团的分析师爱德华·

莫尔斯预测，在未来几十年里油价将开始维持在每桶 70～90 美元的低价位。他说，随着石油产量的猛增和需求的降温，这一天将有望到来[㊀]。如果莫尔斯的预测变成现实，美国政府将不再支持电动汽车的补贴政策。中国面临类似的情形，因此已经准备削减中国的补贴[㊁]。

总体上来说，埃克森美孚的逻辑也许是正确的——石油和汽油推进系统的地位非常稳固。但是，谁能肯定地说，在未来 30 年内，从事电池研究的实验室里的时间就会停滞不前了呢？谁能肯定地说，未来许多年后，萨克雷、阿曼、全球各地的众多科学家以及下一代研究人员还不能破译电池的"密码"呢？世界处在不断变迁的过程中，其中包括金融崩溃、极端天气现象、中东个别国家政府的更替，更不用说页岩气和石油大繁荣导致的意外大重组。谁能百分之百确定一件事呢？虽然大幅提高性能并降低成本很有必要，困难重重，但这个目标并非不可能实现。如果这个目标得以实现，最大的受害者之一就是化石燃料。我们现在所称的"石油巨头"将会不寒而栗。

埃克森美孚对电动汽车的预测似乎有点夸大其词。

奥兰多大会的组织者叫梅纳海姆·安德曼，这位出生于以色列的电池科学家拥有加州大学伯克利分校的物理化学博士学位。安德曼自称是"世界上先进汽车电池领域最牛的独立专家"。埃克森美孚关于电池的观点并非完全让人吃惊，但安德曼的见解确实令人惊讶。他本人也怀疑埃克森美孚对电池和电动汽车的看法。企业高管经常花费数千美元邀请他做报告，结果他总是说他们的企业使命基本上没有希望实现，至少在很长一段时间里如此。

安德曼甚至怀疑全球电池竞赛的整个论点。他说："2009 年金融市场和汽车行业崩溃的时候，业界一致认为，解决方案是让汽车电动化。但是金融危机、汽车行业的危机以及电动化之间没有任何的联系。"他补充道，相对于全球范围内对电动汽车的目标只是一个伎俩而言，他想"为员工、供应商、股东、公众、媒体以及政府提供积极的动力"。30 年来，电动汽车的倡导者一直在等待一个契机，让电动汽车快速进入商业市场。不过，他们不可能等来契机——至少这次不是契机。安德曼说，未来 10 年左右，研究人员可能取得一个真正的突破。但与此同时，内燃机也在不断改进性能，不断"提升标杆"。

㊀ 爱德华·L·莫尔斯，《能源 2020：北美，新的中东？》(*Energy* 2020：*North America*，*the New Middle East*?)，2012 年 3 月 20 日，Citi 致客户的研究报告。

㊁ 据新华社报道，在 2016 年 1 月 23 日举办的中国电动汽车百人会论坛上，财政部部长楼继伟表示，2017 年—2018 年，新能源汽车补贴标准将在 2016 年基础上下调 20%，2019 年—2020 年下降 40%，2020 年以后补贴政策将退出。工信部副部长辛国斌表示，新能源汽车国家补贴政策未来将逐步退出，工信部准备采取新能源汽车积分和传统能源汽车燃料消耗量限值挂钩的方式，来鼓励产业发展。——译者注

第30章　老一辈技术专家

从阿贡的电池实验室下坡走15分钟，经过一片森林，再往右拐，走到一个钢和玻璃结构的三层建筑群，在其中的362大楼里你就有可能找到唐·西勒布朗德。他为人随和、直率，在密歇根州的奥克兰县长大，上大学，直到31岁才离开家乡。他先后在华盛顿特区和德国从事过汽车行业的一系列工作。

西勒布朗德时不时地让电池研究人员上火。他是阿贡先进内燃机研究项目的主管。西勒布朗德说，传统的发动机还有很多仗没打完，“到下一代它将最终打败电动汽车”。他认为，电池和内燃系统分别属于不同的创新路径。萨克雷和阿曼等科学家制造了更加强劲的电池，内燃机正在通过不断改良变得更加高效。为了弥补这个差距，电池科研人员必须以更快的速度设计出优于内燃系统的技术。到目前为止，汽油发动机一直保持领先位置。因此，安德曼认为内燃机可以不断“提升标杆”。在电池和电动汽车竞赛中，竞争对手之间互相竞争，同时，这些竞争对手组成的阵营还要与内燃机这个敏捷的阵营展开竞争。

最近，西勒布朗德和一群头发灰白、身材发福、眼袋明显的老人讨论行业的未来。他们称得上是全球汽车行业里的“传奇式人物”，担任GM、福特、博世、日产等行业巨头的副总裁。他们的权力仅次于CEO，可以决定公司真正生产哪种汽车。西勒布朗德说，“他们不会容忍任何废话，他们对听起来有趣和酷炫的东西不感兴趣，”而是“关注真正发生的事情”。显而易见，他们预见电动汽车市场在未来许多年内不会出现爆发式增长。电动汽车的生产成本太高了。目前还没有迹象表明电动汽车的经济效益会大幅提高。他们表示，Leaf和Volt的年销量可能达到20000~30000辆，但是没有迹象表明这两款车每年可以销售几十万辆，那个规模说明它们已经广受欢迎了。

西勒布朗德认为，这些老专家说得对。他自己就预言，未来的内燃机几乎可以使用任何一种化石燃料自动运行。事实上，畅销的柴油发动机依靠压缩机而非火花塞点燃燃油，驱动汽车。它也许是地球上能效最高的发动机——倒入油箱的全部柴油有45%用于推进汽车，只剩下55%在燃烧过程中作为废热被燃烧掉。至于汽油，只有18%的能量真正用于驱动车轮，82%排入空中。因此，柴油汽车在燃料价格更高的欧洲堪称理想选择，而在美国，人们仍然青睐更加安静和强劲的汽油发动机。不过，据西勒布朗德预测，研究人员可以将汽油转化为一种能和柴油竞争的燃料，所以美国人正在提高汽车的能效。如果这项研究能够成功，他在阿贡的团队也在从事这方面的研究，汽油驱动的内燃机可能增加35% ~40%的里程。如果车主保持当前的驾驶习惯，全球每天可能节约2000万桶石油，占全球石油消耗量的五分之一以上。因此而产生的全球石油盈余量将拉低各国的石油和汽油价格。欧佩克和俄罗斯的石油收入将遭受沉重的打击。石油短缺的国家将从急剧降价的进口石油中受益。至于电池，它将追赶更高的标杆。西勒布朗德说："使用我们现有的基础设施，无须增加新的成本就能应用我们熟悉的发动机，这就是未来15年我们的发展方向，也是我们与电动汽车有效竞争的优势所在。"

汽车制造商还得生产电动汽车，因为它们要满足美国政府为整个汽车产品线设定的每加仑行驶英里数（MPG）——54（英里/加仑）㊀。能效高的发动机、直接注油系统、纤细的钛质车身以及更低的电耗能提高电动汽车的行驶里程，混合动力汽车和插电式混合动力车也是如此。但是，要想达到强制性的54英里标准，还得依靠不烧任何燃料的纯电动汽车。这占到整个汽车产品线的一小部分，但还是需要一部分电动汽车。

不巧的是，当天亚洲的汽车大佬并不赞同西勒布朗德针对电动汽车的悲观论调。通过现场举手这种非正式的调查方式，日本和中国汽车制造商的副总裁们表达了对电动汽车的光明前景。显然，他们认为自己凭借毅力和耐心必将获得胜利，所以对美国和德国同行的悲观态度不屑一顾。20世纪初，电动汽车因为缺少充足的电池和基础设施而销声匿迹；20世纪90年代，通用汽车推出EV1电动汽车，最终以失败告终㊁。亚洲的汽车大佬对这些历史都不太在意。

西勒布朗德表示，亚洲人和西方人谁对谁错的这个问题，归根到底取决于是否认为这次的情况有所不同。例如：车主面对每加仑柴油6 ~7美元的价格并没有购买电动汽车的动力，欧洲的车主现在还是如此；相反，欧洲人开始购买更小的柴油汽车。也许，等到汽油或柴油的价格涨到每加仑10美元那天，电动汽车会更受追捧。不过，西勒布朗德的主要观点是美国的汽车市场"不会如我们所愿实现电动化"。这简直给如火如荼的电池竞赛泼了一盆冷水，又一次让张伯伦的下属员工恼羞成怒。

㊀ 1加仑约为3.8升，54英里/加仑约为23千米/升。

㊁ 1996年12月，通用汽车公司推出EV1电动汽车，车身结构采用玻璃纤维制成，32块铅酸电池作为主能源。EV1的最高时速可达128千米/时，从静止加速到96千米/时的时间小于9秒，一次充电可以行驶144千米。——译者注

西勒布朗德并没有理会这种愤怒的情绪。他认为，电池行业的人并不是真正了解获胜的条件。他们和汽车制造商一样，对科研工作操之过急。汽车制造商迷恋吸引眼球的东西，觉得凭借外表花哨、实质空洞的产品可以获得街头信誉，受到大众的追捧。他说，事实并非如此，取得重大突破都要一定的时间。每一项卓越技术都是经过缓慢发展、不断演进的过程才能推向大众市场。拿电动汽车来说，汽车制造商应该不断优化普锐斯这样的小型混合动力汽车，将其发展为成熟的标准车型。这样，它们才能研发出类似于 Volt 的插电式混合动力车，插电式混合动力车才能得到广泛的应用。这样——只有这样，也许再过 20 年，电动汽车就能做好推向大众市场的准备了。

参赛者必须有条不紊才能赢得电池竞赛。急于求成、大干快上只会导致路上的汽车质量不佳，玷污电池技术的声誉。西勒布朗德表示："急于求成并不总会如愿以偿，有时还会让人们对这种技术留下不好的印象，然后必须搁置一段时间，等人们逐渐淡忘后再推出这种技术，因为当时它还不够成熟。"

阿贡国家实验室笼罩在阴郁的氛围之中。四年前，位于印第安纳州的 EnerDel 公司和卡哈尔·阿曼共同获得《R&D》杂志的 R&D 100 大奖，如今，该公司申请破产，即将被俄罗斯一位木材巨头收购。A123 在 2009 年还是投资者的宠儿，但随后销售业绩不断下滑，只得暂时裁员三分之一。现在人们已经在预测它何时倒闭了。阿曼说："中国或德国公司将不用任何代价就能拿下 A123。记住我的话。"他预见到许多初创企业都将破产，只有那些资金雄厚、收入稳定的大型企业才能生存。柯文·盖拉尔表示："我觉得我们处于这个即将破灭的泡沫的顶端。"

西勒布朗德认为，这种观点体现了这种新技术的典型发展道路。他画了一张图来说明。图中有一辆自行车在两座山之间移动。自行车第一次"上山"等于概念的早期，即乐观阶段。在顶点，充裕的资金将推动这个概念的发展（他说，高级电池目前就处在这个位置。）然后，任何技术在早期都不可能十全十美，因此难免遇到挫折。这将导致突然的滑坡，包括流失投资者、丧失公共信心、淘汰产品（例如：电动汽车当时经历的困境）。"下山"的过程既漫长，又痛苦。但是，它必定会有到底的一天。如果你的技术坚实可靠，接下来就要攀登第二座高峰了。在此过程中，你不仅解决问题，还能恢复信心。最终，你就能征服这个市场。

电动汽车的支持者说，考虑一下移动电话吧。全球几乎每位青少年和成年人都拥有一部移动电话，总量达到 60 亿部。不过，第一个消费者移动电话到 1983 年才问世。直到 20 年后，移动电话才开始流行起来，那时大部分美国人都用上了移动电话。一些未来主义者表示，技术循环正在加速，但是智能手机也经历了相同的发展过程：1994 年，第一部智能手机上市（IBM 公司推出的西蒙个人通讯器），直到 2013 年市场渗透率才达到 50%。按照这个进度，电动汽车还有很长的路要走——2001年，第一辆普锐斯在美国售出，10 年后 Volt 和 Leaf 正式上市。怀疑论者也许要等到2020年以后发表意见了。

阿曼认为，周围人之所以沮丧，是因为他们忽视了科技领域实现重大突破的方式。他说："科学家有点顽固。你设定了一个别人以为无法达成的艰难的目标。但是，不知道什么时候哪里会出现一个家伙，砰，难题解决了。所以科学家必须保持乐观。"

与微芯片不同，电池不遵循类似于摩尔定律的这种原则，即芯片上可容纳的元器件数量每隔18个月左右便会增加一倍，而这个数量决定了半导体的性能。电池技术的发展速度相对更为缓慢。当然，这不代表电子产品比电动汽车更先进。

消费电子产品通常容易损耗，每隔两三年就要更换一次。当电子产品不能开机，不断出现故障，一般就会贬值。它们在挤压或坠落时容易损坏，更换的成本常常低于维修的费用。如果电池制造商和汽车制造商生产的产品如此平凡，他们不仅可能破产，赔偿几十亿美元的损失，如果发生灾难，他们甚至有可能进监狱。汽车至少要能用十年，每次都能顺利启动。汽车的性能必须保持基本稳定。在高速行驶或碰撞的过程中，汽车必须安全无忧。

智能手机、iPod等电子产品是精英人士的一次性时尚物件，和推动高级电池发展的电化学不在一个技术层面上。你可以把智能手机和iPod装在电动汽车内。它们只是一种设备，与锂离子电池相比只是更低一等的配件。

竞争性的消费电子产品充分发挥了亚洲式战略的优势，通过不断提升工程和制造技术实现渐进式的成就，比如：苹果公司最新推出的iPhone版本个性鲜明，十分畅销。不过，进展缓慢的电池竞赛也可能出现反转的结果。即使目前看来，美国似乎在所有"参赛选手"中接近垫底，但它的国家实验室拥有高端的技术，所以有望一举赶超其他"选手"。

西勒布朗德和电池研究人员在这点上不谋而合。有人指责亚洲的制造巨头，特别是日本通过窃取西方的技术而获得最初的竞争优势。然而，所有一流的国家都曾对竞争对手的品牌进行反向工程。在美国，西勒布朗德就负责监督这项工作，然后将数据交给美国的汽车制造商。他将此称为爱国责任。西勒布朗德支持美国振兴制造业。奥巴马将高级电池和电动汽车列为工作重点之一。尽管对这项事业的成功几率持有保留意见，西勒布朗德仍然全力以赴。

西勒布朗德在一个飞机棚大小的仓库里散步。这是阿贡国家实验室成立后头十年里建造的几座建筑物之一。几年前，西勒布朗德偶然发现这些建筑物，那时它们里面堆满了磁铁和核设备。他清空了其中的四座，将它们改装成汽车实验室。

西勒布朗德说："这是一辆韩国的混合动力车。"他说完指向了一辆拆了一半的轿车。它看起来很像普锐斯。他接着说："他们正在模仿这个系统。"这种汽车其实是由一家韩国制造商提供的。它知道这些数据将交给它的美国竞争对手，但西勒布朗德也会给韩国人一份数据，这些信息很有价值。西勒布朗德表示，"我们各取所需。这正是合作伙伴关系的最佳体现。"

西勒布朗德接触到一种他认为可能让电动汽车陷入窘境的发明。它就是“通吃型发动机”。它是通用汽车公司的一种旧式电机，经过改造后可以燃烧任何类型的碳基或合成燃料——甲醇、丁醇、乙醇，当然还有汽油和柴油。这款发动机能够自动适应加入油箱中的任何燃料。他说：“这真是一项沉睡的技术。它就要发挥巨大影响力了。”

他接着说：“这里还有 Volt，我们刚刚收到这款汽车。它是世界上最先进、最节能的汽车，可能还是全球最棒的汽车。”虽然对化石燃料发动机的经济优势充满信心，他仍然对 Volt 赞许有加。他的下属正准备把这辆 Volt 拆得七零八碎，然后组装起来，测试汽车的性能，之后再次拆解、组装、测试。他们完成这个过程后就把它拖到垃圾场。他解释道：“因为到那时，它就不再是辆汽车了。”至今为止，他们发现通用汽车公司似乎在 Volt 上下的功夫比它所宣传的要深得多。西勒布朗德说：“购买这款汽车后，你得到的价值应该是你所付费用的两倍。”

他指着另一辆汽车说，“这是普锐斯”。现在这辆汽车只剩下外壳，线路裸露在外面。他介绍道：“这是汽车经过我们一套流程后的样子。”这次检验的结果极其有用，因为第二代普锐斯在 20 世纪中期发布后，有些人怀疑丰田汽车在这款车的燃料经济性测试上动了手脚。西勒布朗德的团队检验后发现，如果这家公司真有此打算，它事实上可能在和美国联邦的评估员打赌。那是因为这款车需要事先了解这个测试涉及的曲线、节点和危险，然后将这些信息加入汽车的程序中。这样设置后，汽车就能自动调整并节约汽油用量。西勒布朗德的团队没有找到普锐斯科研人员作弊的证据。但是，汽车制造商仍然有很多作弊的机会。所以，他将情况汇报到美国环境保护署（EPA），后者随之设计了一种更难作弊的随机性测试。

西勒布朗德在拆卸地球上各种主要车型的样品方面经验丰富，这让他明白一个道理：几乎每一种新的汽车技术都要经历一根较长的接纳曲线，包括盘式制动器、注油器、自动传动装置等。他想不出哪种重大技术进步能在短期内深入人心。对于电动汽车来说，最大的未知数超出了发明家或制造商的控制范围。这个未知数就是油价。如果油价在较长时间内保持相对平稳，电动汽车的处境可能更加困难。但是，如果油价攀升并且稳居高位，尽管内燃机能效得到提高，车主在汽油加油站前也会更加焦虑，这可能推动业界加强对电池效能的集中研究并且有望在未来十年内取得成功。他补充道：“如果别无退路，我们就有望成功。问题是我们一直都有替代选择。”

第31章　“疯狂或天真乃成功之道”

如果打败汽油发动机的几率这么低，电池研发人员如何才能获胜？为了找到答案，美国能源部邀请苏吉特·库玛尔、杰夫·张伯伦和十几位能源企业的高管参加一场为期两天的会议，地点选在加州大学伯克利分校的一间漆黑的会议室里。此前奥兰多大会刚刚闭幕。第一天上午的主讲人是维诺德·科斯拉——硅谷最激进的清洁能源投资人。科斯拉出生于印度新德里，毕业于专门培养科技精英的印度理工学院。毕业后，他与别人联合创立了太阳微系统公司。最近几年，他以自己和其他投资人的资金向太阳能、生物燃料和电池领域投入了10多亿美元。他说话时直言不讳，喜欢穿黑色服装。

科斯拉首先对汽油不可战胜的假设提出质疑。他说，最近的历史表明汽油和现有的任何其他技术一样脆弱。正因为打败汽油的几率不高，他才做出这个投资决定——因为潜在的财务收益可能是个天文数字。他解释说：“所有专家谈到2008年金融危机时都是绘声绘色，但2008年6月还没人预见到。”能源的情况也是如此。现在专家谈起页岩气的未来可是眉飞色舞，但在2008年没人预测到页岩气的发展趋势。

他说：“你觉得我只有万分之一的成功几率对吧？但我愿意冒一次险。”

墙上显示了一张幻灯片。他解释道：“为了便于大家理解，纵轴是成功几率，横轴是产生破坏力的几率。我的意思是说，如果一项技术失败的概率超过了90%，那么你可能会产生最大的破坏力。”对于风险资本家来说，只有破坏一种既定的业务模式，才能建立一种新的模式，然后才有可能获得最大的利润。

他说，大多数风险投资人和天使投资人不会这么操作。相反，风险投资人想方设法降低风险，使失败和成功两者在后果上的差异逐步递增。

科斯拉说：“我的看法恰恰相反。”投资人应该乐于接受真正的风险以及这个风险带来的潜在优势。

科斯拉知道，虽然在座的大部分人都听到了他的建议，但只有极少数人会在意，因为“只有疯狂和天真的人才会尝试近乎不可能实现的事情。”他们至少会对这些羞辱感到尴尬。他补充道，“那些专家总会跟你解释哪条道路行不通的原因，所以一些理性、理智的人被吓得不敢去尝试这些疯狂的想法。”

埃克森美孚没有完全排除科斯拉提到的情境。该公司在《2040 年能源展望》报告第 48 页上介绍得很清楚。

埃克森美孚公司的未来主义者说：“技术也可能难以预测。低成本、大规模的电能储存技术的突破将大幅改善风力和太阳能发电的前景。电池成本下降的速度快于预期，因此，电动汽车有望在 2040 年前持续发挥大于预期的作用。”

换句话说，阿贡团队以及参与全球电池竞赛的任何团队都可能让埃克森美孚的预期落空。该公司和科斯拉对未来的展望不谋而合。他的核心投资原则正是这个石油巨头预想的最糟糕的情境。

第32章　续航里程300英里的电池

奥兰多大会的参会者并非个个都垂头丧气的。库玛尔就是其中的代表。与会的日本人也没那么悲观。他们相信电池行业的未来前景不像令人胆寒的“死亡谷”一样注定要失败。这就是产品完工和产品上市之间宽阔而漫长的“沟壑”。实际的宽度和长度难以预测。具体的期限可能是几个月、几十年，甚至难以跨越。初创公司通常会在这个阶段倒下，一般是因为缺少资金或者信念。它们败给了市场。所以，阿曼说过许多——也许大多数电动汽车先行者注定以失败告终。

不过，根据奥兰多大会其他与会者的观点，“死亡谷”还有另外一层意思，也就是说，那些愿意并且能够坚持三年、五年或九年的公司可能会进入一个截然不同的市场。

研制超强电池的路径之一不是改进正极，而是完善负极。正极是锂离子的“中转站”。锂离子从正极穿梭到负极，提供驱动电动汽车所需的电流。评价正极的标准是它能储存多少锂离子以及锂离子的抽取速度，这两个指标决定了汽车的行驶里程和加速度。标准的正极是20世纪70年代贝尔实验室研发的石墨烯正极。目前，整个行业正在试图用硅材料的正极替代石墨烯正极，因为硅吸收锂原子的比率更高，库玛尔正是其中的一员。石墨烯正极每六个碳原子可以吸收一个锂离子；但是每个硅原子可以容纳四个锂原子。因此，硅作为正极能量潜能仅次于纯锂金属。硅正极的性能有可能超过石墨烯一个数量级，后者的放电容量大约为每克400毫安。硅的理论容量为每克4000毫安。实际上，你不可能达到峰值，但有望达到1400毫安或1600毫安，如果达到这个标准，硅正极的性能是石墨烯正极的3倍以上。

然而，硅材料存在一个问题。硅正极至少要经受1000个充电和放电循环才能应用于汽车。锂离子被嵌入硅正极后，迅速膨胀。石墨烯在吸收锂离子后基本能保持原有形状，但硅的体积会扩大三四倍。随着一次又一次的充电、放电，硅正极会不断膨胀、收缩，最后将损毁整个电池。

这不是什么新闻了。硅的优点众所周知，但没人成功解决这个膨胀的问题。

研究人员完成二三十个充电、放电的循环后，正极就会自动分解。没人知道这个情况。但是，库玛尔想要一试身手。他的动力来自于美国能源部下属先进能源研究计划署（ARPA-E）主办的一次比赛。任何推动能源技术深远发展的想法都可能获得 50 万 ~ 1000 万美元的资助。Envia 第一轮的融资不过 300 万美元，这个比赛的奖金确实令人垂涎。ARPA-E 的资助影响力大，可以吸引更多的资金，提高业界对 Envia 的关注度。

库玛尔最大的胜算似乎是将硅正极和 NMC 2.0 版结合起来。卡哈尔·阿曼对硅的认识非常有趣，所以库玛尔与阿贡的这位科学家联合申请参加 ARPA-E 的竞赛。提交的申请表内容直截了当。它直接提到阿曼对硅的认知和其他几个概念，如果与 NMC 2.0 版结合，可能制造出 400 瓦时/千克的电池，这足够让一辆汽车行驶 300 英里。库玛尔觉得，这似乎能够满足 ARPA-E 对突破性革新技术的要求。

这是一个大胆的方案，因为采用石墨烯正极的锂离子电池公认的物理极限是 280 瓦时/千克。没人制造过 400 瓦时/千克的电池。ARPA-E 收到大约 3700 份比赛申请，角逐 1.5 亿美元的资助。37 份申请入选。Envia 名列其中，库玛尔最终拿到了 400 万美元的资助。

接下来一年里，库玛尔的团队试验了库玛尔提到的几个硅正极概念，并选定了其中的一个。库玛尔说，阿曼的正极是一种由硅和石墨烯（纯碳材料，厚度与一个原子相当）组成的复合材料，未能达到规定的指标。而最好的正极是嵌入碳的一氧化硅分子。库玛尔的团队给直径为 50 纳米到 5 微米之间的硅碳复合材料打出若干孔隙，向孔隙内部注入电解液。然后再将纤维或纳米大小的管状碳混入正极，生成一个导电的网络。因此，硅膨胀后增加的体积得到调整和吸收。即使硅立即分解，碳纤维和碳管也能为锂离子在正负极之间穿梭提供一条通道。

库玛尔表示，试验效果非常好，但纳米级测试存在一个缺点。这种开发优质电池的方法成本较高。首先要准备一个真空反应器和一个很贵的基层（有时会用铂这种贵金属）。然后，可以制造出纳米线和纳米管。最终会获得类似于"精灵之尘"的东西，每次只能得到几毫克的材料，但是实际需要的是大量的粉末。长期下来这个过程的成本可能下降，但目前它还不具有可行性。

也许还有更低廉的方案。如果他的团队跳过真空反应器和铂这个步骤，改用传统熔炉将便宜的硅石前体转化为优质的粉末（每批含 10 克），就足够硬币大小的电池样品，结果会怎么样呢？那有可能大幅降低成本。库玛尔的团队希望尝试一下这个方案。

临时装配方案果然奏效了。包括处于负极的库玛尔版 NMC 2.0 版在内的组件成本更低，产生的能量密度却达到里程碑式的 400 瓦时/千克。

ARPA-E 的主任阿伦·马居姆达原本就是 Envia 的粉丝，听到这个成功的消息后更是欣喜若狂。他说，库玛尔应该寻求独立的验证。事关重大，库玛尔需要通过一位权威专家或一个权威机构证实他所说的结果。

库玛尔将材料送到了美国海军地面战争中心下属的评估机构 Crane，该机构位于印第安纳州，备受尊崇。Crane 送回了盖有通过审批的报告，因为该机构让 Envia 提交的电池经过 22 个充电、放电循环，证明了它确实具有 400 瓦时/千克的能量密度。库玛尔的确抵达了这个里程碑。

马居姆达说，这个成果意义重大，也许大到足以在两个月后于华盛顿举行的 ARPA-E 年度高峰会上宣布。届时，美国前总统比尔·克林顿和微软公司联合创始人比尔·盖茨都将发表主题演讲。马居姆达说，他晚点会将自己的决定告诉库玛尔。

想到 Envia 可能受到如此之高的关注，库玛尔和他的合伙人兴奋不已。考虑到公司准备申请 IPO，公众的关注度将产生无法衡量的宣传价值。库玛尔赶往奥兰多大会参加现场彩排。

库玛尔穿着一件深蓝色西服，走在 ChampionsGate 的舞台上。他一边播放着幻灯片，一边表示他正在描述的东西不涉及典型的实验室试验——他介绍的不是五美分硬币大小的电池里包裹的几克材料，而是马尼拉纸信封大小的盒子里真空密封的电动汽车专用的标准 45 安培小时电池。这个突破可能最终让长距离经济型的电动汽车变成现实。

库玛尔列举了 NMC 2.0 版的几个事实：如果将充电电压推高到 4.5 伏，受到广泛关注的负极加上石墨烯正极可产生 280 瓦时/千克的电能，这是在场观众手里的智能手机和笔记本电脑所含钴酸锂的 2 倍。但是，如果改用硅碳正极，就能获得 400 瓦时/千克的容量，库玛尔说，这创造了“一个世界纪录”。此外，这个进步还将成本降到 250 美元/千瓦时，相当于钴酸锂一半的成本。他说，只要再过两年，成本就可能降到 180 美元/千瓦时。

这个电池只是一个原型——他只对它做了 300 个充电、放电循环。现场的专家知道，这个电池至少需要完成 900 个循环才能在汽车上应用。库玛尔本人坦言道，这个跨越将“极其艰难，极其复杂”。要实现这个目标，该公司可能需要再投入 400 万到 500 万美元的经费。未来仍然充满挑战。不过，他说 Envia“正在攻坚克难”。

库玛尔演讲结束后，通用汽车、陶氏化学和现代公司的代表纷纷找他交流。他们希望他私下表个态。

会议组织者安德曼说，库玛尔是在夸大其词。安德曼认为，库玛尔的演讲有一个目的，那就是向这个精疲力竭的行业证明业内的企业还在努力拼搏。安德曼之所以邀请他演讲，就是为了这个目的。安德曼说：“不过，Envia 没有实现突破。”库玛尔和业界同行一样，也在想方设法阻止硅的膨胀，但是他还没有成功。他也没有实现 400 瓦时/千克的目标。他是在夸大自己的成就。

位于加拿大哈里法克斯市的戴尔豪斯大学的研究人员杰夫·达恩则持有不同的观点。作为电池行业最具创新能力的人物之一，达恩经常在公开场合精准、猛烈地抨击同事的观点，因此落下了不好的名声。他指出了大多数电池研发人员通常秘而不宣的缺陷，这些研发人员知道他们很难取得任何类型的进步。达恩和安德曼一致认为，电池科学家经常为了杜撰那些原本不存在的进步而精心挑选科研结果。这并不表示他是一位悲观主义者，相反，他充满信心，真的相信科学家最终能够解决这个问题。要实现这个目标，他们首先得停止篡改结果，坦诚面对世界和自我。最近，达恩在一系列尖锐的 PPT 报告中加入了电池爆炸的视频，指责卡哈尔·阿曼等科学家掩饰他们的发明存在的起火风险。不过，他说库玛尔不属于这批粉饰者之列。

达恩对库玛尔给予了高度的评价。这位 Envia 科学家展示的成果不一定很优雅，但它的确是一件有效组装起来的工程杰作。而且它还能发挥功效。他说："我对他介绍的材料非常熟悉，我觉得这是可行的。"

达恩其实是故作谦虚。1999 年，3M 公司比阿贡国家实验室晚几个月提交了达恩版 NMC 的专利申请。接下来的几年里，萨克雷和达恩为 NMC 的原子结构争吵不休——NMC 是一种由镍钴锰和锂组成的活性化合物（达恩的立场），即所谓的"固态溶液"，还是一种化学架构明确、层次分明的复合物（萨克雷的观点）呢？对于车主来说，这种差别似乎无足轻重。但是，如果 NMC 2.0 版将来成为极其畅销的电池的一个组成部分，那它就意义非凡了。萨克雷获得了 NMC 2.0 版在美国的关键专利，3M 公司则拿到中国、日本、韩国的专利权。3M 公司与 NMC 的"盗窃者"——索尼、松下和 Panasonic㊀决战，并且一一获胜。这些侵权行为的处理细节我们不得而知，但是这个结果进一步巩固了达恩的专利。3M 公司没有起诉阿贡，但达恩说："我认为阿贡和 3M 之间的关系并不理想。"3M 早晚也会把目标对准通用汽车。按照达恩的观点，Volt 包含了他的知识产权，而不是阿贡的知识产权。他说："我认为，阿贡是想利用这场化合物之争与 3M 的专利撇清关系。"

如果达恩再年轻一点，他看到有人进入他的地盘可能会着急上火，但是他说，他现在乐见库玛尔在 NMC 方面的进展。300 个充电、放电循环和 1000 个循环之间的差距很大。达恩评价道，"这得花一段时间。"但无论如何，如果你的目标是智能手机和笔记本电脑，300 个循环"已经很棒了"。这个电池的成本与其他电池相当，但使用寿命却更长。他说："我敢肯定，苹果公司很乐意把 iPhone 做得更轻、更薄。"

杰夫·达恩对 Envia 的立场是否变得更加积极了？

他回答说："不。我只是更加务实。"

达恩说，我们可以算一下。通用汽车 Volt 使用的基础版 NMC 尖晶石电池每千

㊀ 松下电器是该公司的原名，后出于战略考虑，更名为 Panasonic，以确保公司名称与品牌名称一致。——译者注

克产生大约 100 瓦时的电能。为了保持一定的误差幅度，通用汽车对电池做了过度设计，所以大概 37% 的电能没有派上用场。之所以留下余量，是以防日后需要增加容量。因此，Volt 实际上的运行效率大概是 66 瓦时/千克。如果现在按照 Envia 的配方让电池的容量翻倍，减掉没有用上的容量，汽车的续航里程将翻 3 倍。也就是说，Volt 每充一次电可以行驶 120 英里以上的路程，而不是原来的 40 英里。

按照另一个方案，通用汽车可以坚持 40 英里的续航里程，同时给 Volt 的价格减掉 1 万美元左右。达恩说："你可以自行选择。这也是人们追求更高电池能量、更长使用寿命的原因。这是一切问题的根源。"

达恩也有一些疑问。例如：库玛尔为什么不展示更多的数据？300 个循环后发生什么情况？但是，他并不担心，这些问题已经是老生常谈了。第一个锂离子电池——索尼 1991 的技术——简直是"一堆垃圾"。然而，自那以后，这个电池的性能已经提高了 2 倍，锂离子电池也因此超越了此前所有的电池。Envia 会在 300 个循环的基础上增加循环的次数。达恩说："这需要多久、多快呢？没人知道答案。但可以打包票，它一定会越来越好。"

第 33 章　ARPA-E 高峰会

奥兰多大会结束两周后，阿伦·马居姆达主持召开了 ARPA-E 高峰会。他为平淡无奇的美国能源部献上了一场与众不同的大咖秀。首先登场的比尔·克林顿呼吁美国国会大幅增加 ARPA-E 高峰会的预算资金。克林顿说，这个机构还要执行很多任务，还要实现很多重大的成果。在一个黑暗的大房间里，克林顿的影子映在三块大荧幕上，他呼唤雄心壮志，不要为忧虑所困。他说，如果你带着悲观的心态走进会议室，根本别想那些获得成功的巨大机会了。

然后，克林顿退到幕布后面，接着比尔·盖茨和朱棣文出场了。两人坐到椅子上。盖茨以 Windows 操作系统、教育、卫生慈善事业而知名，但他也涉足能源领域。加拿大能源思想家瓦科拉夫·斯米尔是他最喜欢的作者之一。盖茨还是 MIT 著名化学家唐纳德·赛德维发明的熔融金属电池原型的种子投资人。在与朱棣文交流时，盖茨表示清洁能源也许是全球面临的最大挑战。这个挑战比他本人所尝试过的任何事情都要艰难得多。盖茨说，拿能源和计算机软件相比后会发现，“人们低估了取得突破的难度。他们低估了获得突破要花的时间。”他说，发明与市场之间的跨越是最漫长的等待，一项新的能源技术可能要等上五六十年才能被大众接受。

朱棣文回答道，你说得对。你可以获得一项非凡的技术进步，但是没人知道它何时或是否会受消费者的欢迎。他接着说，如果你不相信他的话，请下楼看看 ARPA-E 展览室里陈列的几排新电池原型。从中挑选一个可能受到市场追捧的原型，“投入资金”。单凭这种直觉去破译电化学成功之路的密码，胜算微乎其微。

朱棣文继续说：“我们需要数以千计的企业参与这项事业，这样我们才更有可能找到十种或二十种方法，最终帮助我们获得那种神奇的解决方案。”尽管如此，但成功后的奖励可能是一个天文数字。他说，举个例子，如果有人能将低廉电池的技术突破和太阳能电池结合起来，这个新的发明可能“像移动电话当初那样受到狂热的追捧。”依靠这个发明，一些偏远国家的农村地区最终将用上电和电灯，这给这些国家带来了福祉。所以，这个发明将创造巨大的财富。朱棣文说，面对吝啬的能源研究预算，“我们不能把它搞砸了。我们的市场潜力巨大。”

然后，马居姆达走上演讲台。他自称自己要做一个主题演讲。

马居姆达是印度理工学院的校友，此前曾在劳伦斯伯克利国家实验室担任副主任，当时为朱棣文的下属。2009 年，张伯伦召开了第一次电池中心动员大会，马居姆达与电化学先驱人物约翰·纽曼带领伯克利代表团参加会议。尽管既不是贝尔实验室的元老，也不是诺贝尔奖获得者或科技主管，马居姆达给观众呈现的东西却更多。朱棣文展现了个人魅力，马居姆达声音洪亮，表情严肃，充满自信，舞台技巧娴熟。他说，地下室摆放着 180 位优秀发明家的作品——“莱特兄弟的杰作、博洛格（美国农业科学家和植物病理学家）的科研成果、索尔克（美国细菌学家）的成就以及 21 世纪的特斯拉等。它们都是我们国家科技皇冠上的明珠。”它们将帮助我们创造未来。其中有几项发明值得特别关注。他开始逐个介绍，用幻灯片一一说明它们的成就。

大概介绍了一半，马居姆达说，一个可以让一辆汽车从华盛顿特区行驶 225 英里至曼哈顿的电池需要 3 万美元。他说：“这只是电池组的价格。”由于很少有人能够买得起安装这种电池的汽车，ARPA-E 在三年前就要求研究人员研发一种能在行驶里程和成本上与汽油竞争的电池。接着，他说：“下面我想和大家分享 Envia 的故事。”

一张库玛尔和 Envia 团队的照片出现在三块大屏幕上。马居姆达说，就在前一天，这家初创公司宣布了“一款可充电锂离子电池的能量密度创下世界纪录”。这款 400 瓦时/千克的电池放大比例后，只需充一次电就能让汽车从华盛顿开到纽约，而它的成本是现有技术的一半。他说，未来还有更多的精彩。

前一个晚上《纽约时报》得到一个独家报道的机会，现在似乎不知道如何处理这条新闻了。它的标题看起来非常谨慎——“Envia 宣布锂离子电池成本和能量密度取得‘突破’”。马居姆达演讲结束几个小时后，记者的犹豫涣然冰释。一位记者宣称，Envia 是这场高峰会的“金童”。这位记者写道，大家都在谈论这家公司。《科学美国人》（*Scientific American*）回顾了 Envia 在帕罗奥图图书馆的最初创业历程。根据这份杂志的计算方式，Envia 的这款电池可以让一辆汽车从圣路易斯行驶 300 英里，到达芝加哥，成本是 10 美元，相当于汽车用汽油走完全程的成本的八分之一。

现场阿贡的科研人员开始感到胆怯。然后，他们变得非常愤怒。凯文·盖拉格说马居姆达对 Envia 的介绍纯属“无稽之谈”，而他只想了解马居姆达展示的另外八家初创公司。他指出，整个 ARPA-E 一心想着重大突破，“根本就是在鼓励企业撒谎”。张伯伦没有说得这么露骨，不过他表示，初创公司和风险资本的 DNA 里就有“欺骗”二字：你需要具备这种“品质”，才能融到资，卖掉产品，最终成功退出——通过并购或 IPO 让公司摇身一变。这是美国硅谷的特性之一，不能责怪任何人。

他们知道，这些指责有一种看见“酸葡萄”的感觉。这个情况让阿贡感到困惑，更不用提业内其他机构了。Envia这家只有三十几位研究人员的实验室，预算相对较少，它是如何超越NMC 2.0版发明者等人的成就呢？这家公司是如何超越其他NMC被许可方乃至那些同样在钻研“电压衰减”和硅正极课题的亚洲巨头的呢？卡帕迪亚认为原因之一在于良好的办公室政治：所有话题都可以公开评判——只要互相尊重，任何科学家都能参与辩论，事实上他们也经常争辩。任何人都可以尝试他希望开展的任何实验。经费管理不是很严，他们每个月可以使用65万美元，只要没有超过这个指标，没人会提出异议。卡帕迪亚说，他和库玛尔的合作“非常紧密”，后者是“一位天才”。

这些经营状况真的能够解释一切吗？阿贡的电池研发人员仍然在抱怨。除了他们之外，日产和三星也找到Envia，抱怨说库玛尔提供的测试电池内部明显积聚气体后开始膨胀，所以他必须提供新的样品。Envia的联合创始人迈克·辛库拉一不小心对卡帕迪亚说漏了嘴，他说他们的正极专利技术其实包含一种日本生产的材料，它并不完全属于Envia的发明，但公司的宣传材料上容易让人产生那样的误解。卡帕迪亚非常担心，于是他向担任公司董事的材料科学家普内什·西格鲍尔透露了这个信息。西格鲍尔对他说：“伟大的企业家有时会虚张声势。史蒂夫·乔布斯就是这样。”[㊀] 如果库玛尔有所夸张，那也是这场“游戏”的一个必要元素。很快，Envia就可能发明出一个拥有自主知识产权的正极。而且，那些怀疑人士正确的概率是多少呢？库玛尔的同行正在按照美国联邦资助的规定，审查Envia的材料。全球最大的几家汽车公司正在评估他的负极。美国海军的Crane也提交了检查结果。如果库玛尔在吹牛，别人可能早就揭穿他的“谎言”了。

卡帕迪亚觉得西格鲍尔说得对：Envia仍然领先同行，但这种闲言碎语也是难免的。

在ARPA-E会议室下面的地下室，张伯伦坐在一张柔软的沙发上。旁边洞穴一般的展览厅里摆满了ARPA-E资助获得者、失败者和候选者的各种产品。他回顾了Envia最近的历史，认为马居姆达的高调公告背后一定有政治因素在驱动。美国能源部投资的项目是奥巴马批评人士的主要目标之一。他们集中关注了Solyndra，这家位于加利福尼亚州的太阳能公司获得了5.35亿美元的联邦贷款担保，但不久后便申请破产。批评人士表示，Solyndra的案例说明“挑选赢家”——青睐于具体的公司，而不是扶持经济前景良好的行业，鼓励企业脱颖而出——这种做法愚蠢之极。他们认为，这笔贷款特别值得怀疑，因为能源部有关负责人同时担任总统竞选的筹资人，并且是Solyndra公司一位律师的配偶。

事实上，ARPA-E和其他项目都会挑选赢家。不过，这是它们的职责之一。问

㊀ 卡帕迪亚诉讼案，第16页。

题是它们挑选的方法是否合理。无论如何，虽然 Solyndra 这笔贷款的合理性值得讨论，但是这笔贷款是在小布什担任美国总统期间发生的。ARPA-E 是仿照 DARPA 建立起来的，后者是美国国防部的研究管理机构，负责资助那些没有机会实施的优异项目。Solyndra 专注于研发太阳能薄膜技术，因此它符合这个资助原则。没有人看好太阳能产品的市场。

在政治界，一些人仍然不愿谅解。共和党议员在华盛顿举行听证会，控告 Solyndra 公司的高管和奥巴马下属的官员贪污。九个月后，美国将举行总统大选。由于这种攻击和低迷的国内经济，奥巴马对于再次当选不容乐观。在这个背景下，Envia 给大家带来了好消息。

这个消息在 Envia 内部引起了轰动。库玛尔和卡帕迪亚突然成了全球媒体关注的焦点。正如张伯伦所说，"登上《纽约时报》的新闻没有什么不好。"

张伯伦的主要任务是管理电池中心的提案，电池中心是朱棣文的倡议，旨在与业内制造商携手研发新一代电池。能源部将通过竞标来选择电池中心的所在地，张伯伦正在自己的宾馆房间研究这个提案。他说，大概有 100 个研究人员和公司表示希望与阿贡合作。如果阿贡竞标成功，几乎可以肯定大约三年以后阿贡的计划将发生重大改变，所以除了他的核心团队外，张伯伦欢迎外部的人员或机构加入。

因此，20 分钟后张伯伦和盖拉格计划在 ARPA-E 的展览会上逛一圈，希望能和一些电池行业的参展商达成附属协议。阿贡取得科研成果后，张伯伦就能从通讯录中寻找那些可以充分利用这些技术成果的机构。他说："如果我们的核心合作伙伴不感兴趣，我们可以找到这些机构说，'这个适合你们'。"

不久，盖拉格到了现场，随后他和张伯伦就消失在会场。

库玛尔站在几步之遥，面带微笑，手里握着一杯红酒。Envia 的展台里挤满了竞争对手的代表和新闻记者。此前，只有硅谷和一些能源行业的博客对报道过 Envia。现在，《纽约时报》给他打来电话。

库玛尔大声喊道："嘿，阿图尔！"

卡帕迪亚走过去。

这位 Envia 的 CEO 说，"这有点不可思议啊。"他一直在处理大部分的媒体电话。他的目标是通过媒体的关注引起汽车制造商对 Envia 材料的商业兴趣。考虑到预测的续航里程是 300 英里，打来电话的绝不仅仅是媒体。

马居姆达认为，这场竞赛的意义在于尽力把 Envia 这类企业的科技成果留在美国国内。他说："如果我们不能马上采取行动，许多创新技术将流向海外，创新的产品也将在世界其他国家生产。"卡帕迪亚重复说道。Envia 事实上已经进入了比赛。日本汽车公司启动了谈判。奥兰多大会后，库玛尔还收到韩国三星公司和美日合资企业陶氏柯卡姆公司几位经理的热切咨询。卡帕迪亚说："如果美国没有率先将这项技术商业化，底特律和华盛顿应该提出的问题是，'这是为什么？'"

通用汽车是他和库玛尔的首选商业合作伙伴。通用汽车是他们的第一个投资者，因此领先其他竞争对手两年。卡帕迪亚说："那得归功于乔恩·劳克纳的远见卓识"。两天前，通用汽车给了劳克纳一次重大的晋升，他现在不仅是 GM Ventures 的主管，还兼任首席技术官。卡帕迪亚说，劳克纳需要充分发挥自己的优势，才能超过其他竞争对手，成为电动汽车领域的领导者。

目前劳克纳还是快人一步。一周半之前，通用汽车的一个团队到访 Envia。库玛尔提交了他最新的"电压衰减"结果以及证明这家初创公司的材料符合耐用标准的新鲜测试结果。根据对电池的判断，这种材料可以使用 14 年，比行业标准规定多出 4 年。通用汽车一位代表说他们还要进行一项为期六个月的测试，不过库玛尔觉得获得专利许可只是时间的问题。

卡帕迪亚把劳克纳称为"爱国的合作伙伴"。这位 Envia 的 CEO 到日本出差时，劳克纳不断给他发邮件。他的主要意思是不要把这家公司卖给日本人或韩国人。卡帕迪亚说："他竭尽所能巩固 Envia 与通用汽车的合作关系。我们很欣赏他这点。"

Envia 不希望出售给日本、韩国或美国的买家。与高盛和摩根士丹利商讨几个月后，卡帕迪亚决定 IPO 是 Envia 投资者的最佳选择。Envia 将采取保守策略——它只会发售公司总股份的 8%。具体来说，公司准备以每股 30 美元的价格出售 200 万股票，筹集 6000 万美元的资金。

库玛尔希望利用这笔资金建立一个生产工厂。但是，他俩的目标不仅限于这个工厂：更重要的是公司的估值。公司上市后的市值将达到 7.5 亿美元。虽然这没有达到卡帕迪亚和库玛尔曾经谈到的 10 亿美元，但已经是个大数目了。也许，前期的营销工作做到位，那些股份可能达到每股 40 美元的价格，这样公司的估值就能达到预期目标了。

一切似乎都有可能。决定性的因素还是 Envia 的潜在客户群——四家曾经向库玛尔提供规格表的汽车巨头。高盛和摩根士丹利的工作人员研究了向这些公司出售专利许可权的可能性，他们表示："你一定在开玩笑吧。出售公司的事情你想都别想。"卡帕迪亚可以并且应该实施这个更为冒险却可能更加有利可图的策略——上市。

宣布能量密度达到 400 瓦时/千克是他们采取的第一步措施。卡帕迪亚说，现在所有大型汽车、零部件和化工公司的高管都会问他们的员工，"你们愿意与 Envia 合作吗?"就像 IBM 是 20 世纪 70 年代的明星企业一样，Envia 力争成为本世纪第二个十年里的耀眼明星：市场上最热门的股票。到年底，他希望宣布与通用汽车和本田汽车的专利许可授权协议。他表示，这两项交易将推动 Envia 进一步做好 IPO 的准备工作，公司可能在"2013 年年末到 2014 年年初之间上市"。尽管卡帕迪亚希望 Envia 获得像 IBM 一样的热度，他却不想达到后者的规模。他说："我们将维持较小的规模。即使成了上市公司，我觉得我们的员工不会超过 100 个。"

库玛尔和卡帕迪亚开心地笑了。卡帕迪亚说："成功的感觉真好。"

第 34 章 老一辈 vs. 新生代

2012 年夏天的一个下午，凯文·盖拉格和妻子萨比娜将鹰嘴豆泥、火鸡香肠和胡萝卜放在他们自家的后院。他们住在伊利诺伊州的道纳斯格罗夫。自从 20 世纪 40 年代阿贡科研人员从芝加哥大学搬到这里后，这个郊区小镇一直都是阿贡年轻一代科研人员理想的居住地。化学家林恩·特雷西和盖拉格在同一间办公室办公，此时，她正在品尝一杯家酿的啤酒。博士后迈克·斯莱特也是一位化学家，他留着山羊胡子和马尾辫，手里接抛着保龄球瓶。虽然 ARPA-E 高峰会已经过去了几个星期，但盖拉格对 Envia 还是怒气未消。他不想公开争论这件事，但再次表示库玛尔发布 400 瓦时/千克的数据纯粹是做秀。盖拉格属于狂躁悲观型的性格，萨克雷说这是因为他是一名工程师。不过，他用库玛尔电极的数据为自己的怀疑辩护：为了达到 Envia 宣称的性能，即一辆电动汽车每充一次电就能行驶 300 英里，库玛尔必须将锂离子密集地嵌入一个极其厚的负极中。这是唯一的办法。问题在于用厚电极是一种蛮干的方法，虽然这样可以实现行驶里程的目标，但只限于实验室。它们可能还不能令人信服地被装入一辆续航里程为 300 英里的电动汽车中。因为太大，它们可能早早就会出现致命弊病，并且早在该类电池达到应有的十年寿命之前，就没电了。它们甚至有可能破碎。盖拉格说，未来的趋势是电极越来越薄，负极的厚度可能不到 100 微米，或者比一根头发丝的直径还要细。盖拉格认为，Envia 急于把产品推向市场而发布了一款吸引眼球的缺陷产品，这款产品仍然需要基本的改进。

盖拉格小时候住在底特律市郊一个叫特伦顿的小镇上，机缘巧合的是，他和张伯伦不仅都是从佐治亚理工学院博士毕业的，而且毕业于同一所小学。两人都会吹长号，而且自信心都很强。张伯伦喜欢盖拉格这个比自己小 15 岁的年轻人。张伯伦把他称为“下一代”。其他许多电池科研人员对盖拉格有着相同的评价。这位年轻科学家留着棕色的卷发，脸上有两个酒窝，身材结实健壮，说话口齿伶俐。盖拉格大学毕业后的第一份工作是在明尼阿波利斯郊外的哈钦森市的一家工厂给透明胶带涂胶水。此后，他才决定去攻读博士学位。他是第一个敢说自己可能会发脾气的人。他只有一次打过人，那个人不是别人，正是他的哥哥西恩。那是小时候，他掴了西恩一个巴掌。不过，只有他觉得触及自己的原则时，他才会真的发脾气。张伯伦说，他俩在这个方面也很相似。

也许，盖拉格对 Envia 的极度愤怒再次体现了目前电池研究领域的通病。或者可能是他的理想主义在起作用——他比其他电池研发人员更加反感电池行业好大喜功的风气。

林恩·特雷西把盖拉格称为“K-Funk”（寓意：“胆小的凯文”）。她是伯克利的博士后，比盖拉格早三年进入阿贡。在美国，大部分科学家都是移民，而且大多数都是男性。所以，特雷西这两点都不沾边，算是特例了——她是电池部唯一一位女科学家。读高中时，她做过拉拉队员，还代表学校参加过网球双打比赛。大学毕业后，她留了一个紫绿相间的马尾辫。如今，身处男人圈，她似乎想隐藏自己独特的风格，因此个性上有所收敛。她把头发往后梳，不加任何头饰。她和其他人一样穿着宽松的牛仔裤和运动鞋。她似乎有点矫枉过正，连俚语和粗话都学会了。有一次，她说：“我觉得一定有老男人在这蹲了很久的坑。我看到管道后面有一堆卷起来的报纸。”

这些举措都没有奏效。特雷西仍然与众不同。男人们在她周围的表现非常怪异。他们说话时毫无表情，就像机器人一样。除了盖拉格和迈克·斯莱特，其他许多人对她敬而远之。在伯克利就读时，她被教授派到周边学校和老年人群体参加社区拓展活动。她的出现总能为系里吸引媒体的不少好评。张伯伦利用了特雷西的这个优势，他把特雷西戴着防护眼镜的照片放在了电池部的主页和其他新闻稿上。

还有一位电池科研人员会和特雷西聊天，他就是迪特尔·格伦。这位在德国出生的物理学家参加过曼哈顿计划，此后一直在阿贡工作[㊀]。格伦正在试验一种锂硫电池的想法，这年夏天他请特雷西协助他做一项实验。格伦没有这个实验的经费，但特雷西有。于是，他给特雷西写邮件，问对方是否介意用电子束做他的实验。

特雷西和盖拉格都坐在办公室里。她说自己曾经帮格伦做过一次实验，“算给他面子了，”但现在“他还想利用别人。”格伦的项目“不能占用我的经费”。

盖拉格说，实验室“为什么不让这批老人退休呢？我倒想看看他们的绩效。我敢打赌肯定很低。”他说，如果你算一下电池部科研人员的平均年龄，可能会对这个团队的衰老程度感到惊讶。盖拉格和特雷西一致认为他们的老一辈同事花费的资金过多。

特雷西说：“工作岗位太少就是因为这些人不愿意退休。这些家伙把原本投入

㊀ 格伦在阿贡工作65年后于2012年6月退休。——译者注

其他项目的资金都给用光了。”最让她感到愤愤不平的是格伦拿的是实验室里最高级别的工资。她说：“他是710啊！”

两人惺惺相惜，互倒苦水。他们觉得，电池科学是年轻人的“游戏”。但是，那些老态龙钟的科学家提出的想法是否会受到审查呢？还是因为他们资历深就可以放宽审查呢？从空间和预算来看，电池部受到的限制让人难以忍受，大学毕业生获得的资金也少得可怜。但是，经验也是一种重要因素。89岁高龄的“锂离子电池之父”约翰·古迪纳夫仍然在德克萨斯大学管理他的实验室。没人希望古迪纳夫尽早退休。

特雷西和盖拉格也没有这样谈论古迪纳夫以前的门徒——萨克雷。他不仅享受710的级别待遇，现年64岁的他也不再年轻了。有时，萨克雷谈到自己的健康问题时会说目前还没什么大碍。虽然他对健康状况轻描淡写，但实际上他去年就接受了白血病的治疗。不过，他说病情“不是那种严重的类型”，已经基本得到控制了。他说：“我的身体不如十年前那样好了，但还能再干一段时间。”萨克雷说他近期没有退休的打算，同时也琢磨着找个时间，了却一个心愿：给他在南非的岁月写一本回忆录。目前，他一方面专注于“电压衰减”的课程，另一方面负责两个研究团队的行政管理事务。要想动笔写书，估计还得过些日子。

盖拉格能够进入阿贡工作，事实上还得归功于阿贡的一位“老人”。保罗·尼尔森自1958年起就在阿贡工作。现在他已经81岁了，仍然精神矍铄。几年前，几位高级经理和美国能源部的电池事务主管戴夫·霍伟尔一致认为，尼尔森应该把自己的特殊技能——他开发的一种独特的软件，可以快速评估一个新的电池配方能否真正适用于一辆汽车——传承给下一代研究人员。他们开始寻找一位堪当此任的接班人，不久盖拉格用邮件发来了简历。他们差不多是当场就聘用了盖拉格。

尼尔森见证了阿贡电池研发的大部分历史——20世纪70年代高温硫电池的艰难攻关，萨克雷和阿曼的入职以及锂离子的出现。90年代初，他已到了将近退休的年龄。在阿贡，这意味着是时候离开了。只要看一眼四周，你就知道没人愿意听取你的管理建议。不过，尼尔森还不想离开阿贡。他才60出头，他觉得自己还可以好好干很多年。他知道如何才能得到留下来的批准。如果你能再次证明你作为纯粹科学家的价值，阿贡才会欢迎你回到工作岗位上。这种机制对于阿贡来说非常实用，因为它能以非常低的兼职工资发挥资深员工的余热——这些员工真的只拿象征性的工资。但是，你可以继续参与这个“游戏”。

尼尔森就是这么做的。他从电池科学这条装配线上发现了一个缺口：提出了一个新的化学配方，申请资金，成功证明（或无法证明）了它适用于硬币型电池，写了一篇论文，获得了各种荣誉，然后继续下一个科研课题。通常，没有人会检测你的想法是否实用——没有人检查它能否制造一个性能优越的电池。实验本身似乎就是成品或最终的结果。

尼尔森想要另辟蹊径。现实检测应该在这个科研过程中发挥原有的作用。在担任电池部主管的最后三年左右的时间里，他减少了行政管理的时间，开始用电脑提升自己的技能。到1995年退休时，他已经是建模和设计方面的能手了。凭借这个新的技能，你可以在电脑屏幕上从零开始重现一项发明。变成兼职后，他最终开发出这款评估软件，只需要得到一种材料的几克样本，它就能确定该材料在整个汽车电池组中的表现。他会计算每种成分的重量和体积，包括电池组所需的锂、电解液、钢、塑料等，然后推算出这种材料在实验室获得成功十年左右后，这个电池是否会投入实际应用。这个功能非常强大，因为当时世界上还没有出现这种系统。然后，尼尔森将他的作品扩大适用范围，这个软件还能评估制造这些材料的成本。他开始考虑这个组合的价格和规模效应——如果你要制造10万块电池而非几百块电池，你可以节省多少成本？

大概在这个时候，盖拉格加入了阿贡国家实验室，开始学习尼尔森的系统。为了获得更加精准的评估结果，两人开始接洽汽车制造商和电池公司。这个软件的精度很快就令人震惊。当两人决定把它放到阿贡的官网，在互联网上免费分享时，他们引起了业内同行的关注，这些同行认为这是一种筛选实用型想法的新方法。包括MIT在内的其他实验室也采用了这个软件。

尼尔森-盖拉格模型在阿贡内部却没有成为标准流程。阿贡的高级经理和华盛顿的上级主管一样深知它的优点。但是，如果你问阿曼是否用尼尔森的系统验证自己最新的想法，他可能瞪眼看着你，那种表情就好像你建议他去找圣诞老人验证一样。就连和盖拉格共用一间办公室的特雷西也从来不会思考她的概念是否可行。这让盖拉格感到沮丧。

他说："这些人不想了解他们的研究是否符合大局的需要。"

特雷西则表示，其他电池研发人员只是"忙于"各种职责和事务。她说："他们关心这个问题。他们不希望自己研究的课题毫无用处。他们想要了解自己的研究是否一无是处。"

盖拉格说："我认为他们并不关心这个问题。"

盖拉格说得对。特雷西这么说只是想安慰他。这个模型非常"精明"。只要真正运用这个软件，它就可能遏制某些电池研发人员夸耀自己的发明的那种冲动。它就像是一位严厉的经理站在他们背后进行监督一样。

盖拉格认为，电池中心有望改变这个现状。这个中心将会营造一个动态的研究环境，也就是说，如果一个想法行不通，资源将自动投入到另一个可能行得通的想法中。对盖拉格来说，电池中心是一个奇妙的契机：阿贡必须赢得它。他必须加入其中。他们应该认真评估所有的电池研究项目。电池研究人员可能实现预期的电动汽车性能目标；他们可能在这场电池竞赛中失败。他说，无论如何，如果他们不能正视自己，他们肯定不能实现目标。

盖拉格建议将这个验证模型植入电池中心的管理系统，对此张伯伦表示赞同。有了这个数据，电池研究人员就能深入观察，单独分析那些物理属性最佳的材料，从而达到预期的性能。那些经理开始将这个过程称为“技术-经济建模”。他们在讨论时不再提到尼尔森的名字。盖拉格本人也只是偶尔提及前任导师的贡献。这并不表示他忘恩负义。他解释道：“到一定时候，你必须放手，这样年轻人才能跑得更快。”对这种待遇，尼尔森似乎没有什么不满。老一辈科研人员原本就该这么做。

盖拉格仍然不确定这个模型能够取得什么成就。虽然他把这个系统写进了电池中心的提案，但真正动手实践却是另一回事。对于阿贡国家实验室的大部分人来说，这个模型将改变他们的工作方式，只有强大的领导者才能使其成为一个通用的工具。

他知道，大多数研究人员并不相信这个验证过程“真的很重要”。他们不理解这点：如果你能确定哪些材料有效、哪些无效，你就会站在制造更佳电池之路的“垫脚石”上。也许电池中心会改变他们的看法。这个中心的行业合作伙伴一定会施压。他们会偏向这个测试，而不会容忍任何“遮遮掩掩”的行为。盖拉格说：“这是因为如果你创造了劣质产品，大家都会知道。差别就是——在实验室，你可以躲在后面。你可以故弄玄虚。”

盖拉格说，Envia 的新型电池也应该经过这个模型的验证。他和康孙赫一直保持着联系，康以前是阿贡的研究员，后来去了三星。康孙赫的主管询问过 ARPA-E 的这份通报，他想知道盖拉格对这个所谓的突破做何感想。盖拉格说，他持怀疑态度。不过，他终于摆脱了最初的抗拒心理。他说：“一个人表达两种看法是很自然的事。首先，你会说：‘怎么我就得不到那些结果呢？’然后，因为你在创造这种有望上市的材料的过程中发挥了作用，‘祝贺 Envia 获得了成功。’”但是，要想百分百确定，还得验证具体的数据。

盖拉格说，如果这个技术-经济模型让某些人不愉快：“嗯，那他们就不该待在电池中心嘛，对不对？这个中心的目的就是改变我们的工作方式，所以，如果你不感兴趣，就没有必要留在这个团队啊。”

盖拉格相信，这件事不仅关系到张伯伦和其他高级经理的职业发展，自己也可以利用这个机会在人生的下一个阶段开展严谨的工作。

张伯伦在电脑屏幕上点开了一篇新闻。这天上午，通用汽车位于底特律市郊的电池实验室发生气体爆炸事故，震碎了三个窗户，冲开了一扇强化门。幸运的是，爆炸没有造成人员死亡，只有一个工人入院治疗。当时，工作人员正在对 A123 公司的一块电池进行极限测试，以确定是否将其用于通用汽车未来的纯电动汽车 Chevy Spark。

张伯伦说：“情况似乎不妙啊。”

美国人并不是唯一的受害者。尽管日本人在奥兰多大会上虚张声势，但他们对于“面板湾”的倒闭潮仍然感到忧心忡忡。“面板湾”地处大阪湾，距离东京 300 英里，是日本面板显示器厂商的聚集地。经过多年的繁荣发展，现在的面板湾日益衰落，夏普、松下等工厂要么停产，要么出售给台湾等地的买家；索尼也迷失了方向。现在，韩国和中国的企业占据了越来越大的优势。

这并没有让电池科研人员感到欣慰，特别是坏消息接踵而至。五天后，忧思科学家联盟（UCS）发布了一份 48 页的报告，对电动汽车的绿色足迹提出质疑。报告指出，一辆电动汽车是否清洁，要取决于它在哪里充电。如果车主住在一个烧煤的州，用来发电供汽车行驶的煤可能导致这辆电动汽车的排放量高于汽油动力车。这是因为石油和汽油产生的二氧化碳通常只有煤的一半。要产生相同的电量，天然气发电厂排出的温室气体是用煤发电的工厂的三分之一。这份报告强调，53% 的美国人住在烧煤的州。《纽约时报》一篇文章的标题是“电动汽车有多环保？要看你在哪儿充电”。[1]

---

[1] 《纽约时报》，2012 年 4 月 13 日，www. nytimes. com/2012/04/15/automobiles/how- green- are- electric- cars- depends- on- where- you- plug- in. html？ page- wanted = all&_r = 0.

第 35 章 “红之队”

电池中心希望可以赶超贝尔实验室，而且还要超越贝尔实验室的成就。该中心必须取得科技成果，并且要将其融入商业产品。张伯伦表示，它不能“只为伟大和崇高的科学目标而研究科学”。

埃里克·艾萨克斯曾任贝尔实验室主管，现任阿贡国家实验室主任。他认为，国家实验室都有各自的致命弱点。它们无法终结那些不能成功的理论，业界人士将这个终结过程美其名曰“决选”。在技术经济模式的引导下，电池研究人员通常会构想出一种新电极，吸引美国能源部的资金，然后不管这个项目是否进展顺利，仍不断推进该项目，直至资金耗尽为止。以电压衰减为例——华盛顿发布指令之后，电池部门历经一年多的时间才对此立项并成立工作组。张伯伦坦言：“这种做法在行业里根本行不通。”

张伯伦指出，差异在于政府和行业科学家的评估方式不同。电池部门的评估指标包括科学家发表论文的篇数、论文被引用的次数、获奖次数以及在极少情况下研究成果的市场化业绩。但业界只有一个评估指标：公司的财务绩效。

通用汽车的马克·马蒂耶斯[㊀]担心，如果能源部稍有不慎，该中心可能就只“以一批研究论文收场”。马蒂耶斯领导该汽车巨头一个位于纽约州罗彻斯特市郊外的电气化学研究实验室，他对于通用汽车是否会参与该中心的运营发挥着较大的影响。他认为，该中心必须“采取比国家实验室传统模式更加商业化的运营方式”，才能获得成功。否则，通用汽车没有必要与该中心合作。

当然，另一方面，过度决选也存在风险——前景广阔的想法可能没有机会付诸实践。该中心必须适当折中，既要培育创新能力，又要摒弃无用的想法。

张伯伦希望“在发现有望成功或者可能失败的项目时当机立断。”但是，众所周知，他目前还没有做到这点，而是竭尽全力维持现状。如果他担任该中心的副

㊀ 马蒂耶斯时任通用汽车公司的燃料电池研发主管。——译者注

主任——这似乎不无可能，他得“砍掉”不合格的项目。不过，他说自己早已准备就绪。“对此我责无旁贷，”他表示。张伯伦有自知之明，为了让自己看上去不像个恶人，他已预先做好铺垫。他在这个中心的组织结构里嵌入激励机制，以鼓励决选，或者至少能减少阻力：如果你的项目以失败告终——如果你认为它得“砍掉”，不妨主动提出来，那你就能获得参与下一个高风险重大项目的优先权。这样一来，如果研究人员主动放弃表现欠佳的项目理念，该中心将为其提供奖励。张伯伦则不必亲自动手。但是，在被人发现并且不得不阐明自己在决选过程中的关键作用之前，他设计的这种局面能够维持多久呢？这个问题虽然合理，但是有点棘手。

萨克雷和妻子丽莎正在家中吃意大利面。他的癌症复发之后，脾脏充血，胃部鼓胀。医生安排他做化疗，他刚刚做完最后一次治疗。他说话的速度很慢，用餐后躺在沙发上。他全身大概 40% 的血液都集中在脾脏，身体其余部分仅依靠剩余 60% 的血液运转。“我感到内疚。我觉得自己让中心的所有人失望了，”他喃喃自责道。阿贡国家实验室主任埃里克 · 艾萨克斯博士曾希望他来领导电池中心，但是他不能再承担下一个五年的高强度工作了。对此，艾萨克斯似乎理解，不过萨克雷仍然经常提起这个话题。

无论化疗的结果如何，萨克雷的医生都建议他切除脾脏。他想要做一个活组织切片检查。如果萨克雷得了医生怀疑的那种癌症，那么最好切除脾脏。如果没有得那种癌症，就没有必要切除这个器官。不过总之，萨克雷说：“他们说最好是把它切除。”人没有了脾脏也可以生存。医生承诺说，他手术之后“身体会和五年前一样好”。他的眼神似乎闪烁了一下。他在康复之后的第一个计划就是开始写他的书。

艾萨克斯对电池中心的角逐具有前瞻性的思维。为确保阿贡这次胜券在握，他邀请了专业评论员加入方案起草的过程。这些惹人讨厌的评论员善于组织激进的“粉色团队”和“红色团队”对方案进行评审，将方案拆得七零八碎，以便进一步完善方案。

霍利 · 科格希尔是美国能源部方案的专家经理。她在国家实验室沉浸多年——舅舅曾经是太平洋西北国家实验室（PNNL）主任，艾萨克斯的副手马克 · 彼得斯是她的表兄。她对国家实验室内部人员的了解如同自己的家人一样，包括他们对方案内容和结构的偏好。科格希尔一头金黄色的短发，喜欢穿李维斯的夹克，对外传递了一个“不要糊弄我”的信号。科格希尔曾说，有一个人参加电池中心方案讨论会时，“光打雷不下雨，深度不够”。她觉得一位局外人士对张伯伦说话时毫无敬意，对此她回答说：“别耍他们，要不然我非得杀了你不可。”

但是，艾萨克斯主要的秘密武器是比尔 · 马蒂亚，这位核化学家曾经担任两个国家实验室的主任，连续获得多个政府项目。64 岁的马蒂亚趾高气扬，完全以自我为中心，惹人讨厌。除了能够影响他的下一个项目的人以外，他不喜欢与其他人相处。据科格希尔介绍，他还是“国家实验室的教父”。他擅长赢得预算较高、影响力大的项目，所以人们能够谅解他的怪癖。塑造科学圣殿的活动是一块“肥肉”，令科研精英垂涎三尺，那些能够领导上述活动的人才不仅收益颇丰，而且可以“耍大牌”。阿贡国家实验室给电池中心方案制定的“挑刺”预算大约是50万美元。

艾萨克斯对马蒂亚寄予厚望。他说：“马蒂亚曾经多次获得成功。他总能胜出。”艾萨克斯希望拿到这个项目。他希望改写阿贡长期以来运气不佳的历史。马蒂亚可以帮助他实现这个愿望。

他知道马蒂亚习惯让人难过，那已经引起了张伯伦团队的抗议。他们希望他退出。但是艾萨克斯无动于衷。马蒂亚不可或缺。如果他很难对付，那也是艾萨克斯的初衷。他说：“最困难的事情就是确保杰夫保持警觉。”

粉色团队的职责很清楚。团队成员负责评价草案，提供改进建议，为后续更加苛刻的“红色团队”奠定基础。他们还要给方案打分。能源部根据“资助机会公告（FOA）”规定的标准评定经过评价的方案。这些标准分为科技价值、团队能力、预算合理性等大类，描述详尽，分值范围从一分到一千分。粉色团队将为张伯伦提供阿贡当前等级的评估服务。

评估过程持续了两天。马蒂亚非常严厉。阿贡的愿景或“故事”表现得不够鲜明。叙述的内容“深埋在科学里”。除了科学部分要准备得足够充分，团队的工作重点还要写好故事，要让评审团队里那些不懂电池的非专业人士也能理解。但阿贡的方案没有达到这个标准。

这个方案有一个更大的问题，它似乎忽视了FOA的一些规定。FOA要求方案专注于应用科学。马蒂亚认为，要达到适度平衡，大约60%为研究，其余是发展和部署。阿贡团队则建议将80%的重点放在基础研究上，这个比重显然太高。

他提出另外两点建议：方案里叙述太多，方法不够；方案中每次介绍团队的计划时，应该举例说明实施的方法。马蒂亚非常焦虑。去年夏天，他看到草案初稿后提过基本相同的建议。现在他再次跟阿贡团队说：“你们和九个月前相比没有什么进步。”

张伯伦一下子就脸红了。事后，科格希尔透露，他当时“简直疯了”。过了一会，他才冷静下来。不过，马蒂亚并没有让步。他接着说：“你们必须进行大幅修改。”

按照当前的情况，这个方案不值得打分。他也不会给它打分。最好的办法是重写。

张伯伦给艾萨克斯发了一封电子邮件，其中写道：“我认为，马蒂亚正在试图操纵我们，我们需要了解他的动机。”艾萨克斯知道，张伯伦的团队怒火中烧。他在回信中第一次清楚说明了两人的分工：马蒂亚是顾问，张伯伦是主管。

张伯伦的团队“挨批”后几小时，艾萨克斯和马蒂亚一起用餐，后者公开质疑张伯伦对项目的准备是否充分。他说，这种提案团队的主管相当于空中交通管制员。他必须让 31 架飞机同时飞行，并确保所有飞机各行其道，有飞机准备降落时，其他飞机应该各安其位。这种航空指挥需要制造欢乐。与经常听从指挥的飞行员不同，张伯伦必须管理独立自主的团队成员。单是电池研究人员就包括斯坦福的崔屹，伯克利的文卡特・斯里尼瓦桑，以及 MIT 的吉尔德・西德尔和蒋业明。他们都是明星专家。他还得应对阿贡的两位领导：马克・彼得斯和艾萨克斯，以及同行的其他竞争对手。张伯伦能处理好所有关系吗？马蒂亚对此表示怀疑。

艾萨克斯认为张伯伦具备这些基本技能，并将想法告诉了马蒂亚。情况没有他所说的那么糟糕。但是马蒂亚的反馈里有一个信息：如果这个方案要获得成功，张伯伦确实需要努把力。他特别睿智，当他专心做一件事时，他能深入科学的本质。他具有出众的技术和创业常识，在 IP 部，没人比他更善于促成交易。不过，这些令人钦佩的特质并不代表杰出的领导能力，特别在电池中心方案这种重要项目上更是如此。在电池部，张伯伦能够管理好两位明星——萨克雷和阿曼。但是，正如马蒂亚所说，电池中心团队里的“大腕”更多。从战术的角度来看，张伯伦必须想方设法团结这些人才，让他们为他效力。如果张伯伦要寻找一个改进管理方式的转折点，现在是最好的时机。

马蒂亚问艾萨克斯，他能否取消不允许他干涉方案撰写人工作的规定，还有他能否和张伯伦面对面交流。他说，张伯伦想约他聊一聊，也许这种交流会有所帮助。

“当然可以。”艾萨克斯回答说。

马蒂亚来到张伯伦的办公室。他先是一番寒暄，其中提到空中交通管制员的比喻，然后张伯伦开口说话了。

他说：“我和英特尔以及思科达成了合作协议。我和顶尖的谈判专家打过交道。我们俩只有过几次交流，您是我所见到过的最优秀的谈判专家。”

“我怎么不知道啊。”马蒂亚回答道。

“我是这么认为的。所以，我很高兴有机会和您合作。不过，我也感到战战兢兢的。”

“为什么战战兢兢？”

“因为您一个电话就能终结我在能源部的职业生涯。”

“我不会那样做的。”

张伯伦接着说：“我知道您不会的，但是您有这个权力。我可以跟埃里克说，‘我想退出这个项目，回去管理电池部。’但是那不符合我的性格。我希望这个项目能够善始善终。这次竞标可以造就我的职业辉煌。我可以接着做一个又一个项目。但是，我希望您能了解我的担忧。”

“有点担忧是件好事。”马蒂亚表示。

张伯伦知道，马蒂亚明白他的真正用意。无论这位前辈怎么想，两人的关系由他，而不是马蒂亚来主导。他继续表态。

张伯伦建议马蒂亚说话时的语气再柔和一点。他说："我们所剩的时间不多了。您是一个非常坦率的人，说话非常直接，这也是我们聘请您的原因。不过，您要注意，这个团队里有许多成员非常敏感。如果我们触动了他们的敏感神经，我们可能会耽误一周的时间。但是我不能再耽误一周了。"

马蒂亚会心一笑。他明白张伯伦的意思，于是承诺尽己所能。

现在，电池中心团队无所顾忌了。事实上，张伯伦认为主要问题并不在于马蒂亚，而是他的团队成员过于偏执和敏感了。如果双方都放松一点，情况会更好。张伯伦并不是纯粹在恭维马蒂亚，马蒂亚确实是他所见到过的最优秀的交易撮合人。

第 36 章　指挥室

电池中心团队搬进 200 号大楼一楼一个标准篮球场大小的空间里，与 205 号楼相隔一块草坪和一个停车场。走进去后，会看到两排深灰色的小隔间，中间是走道。所有活动集中在房间最里面的隔断间，里面摆放了一张会议桌和若干柔软的黑色旋转椅。他们准备在这里召开重要的会议。张伯伦将它称为“指挥室”。一面墙上贴了几页屠夫纸，每一页代表电池中心提案的一个部分。另外四张悬挂在大屏幕后面的墙上，纸上面画有两栏。左边一栏是“提交倒计时”。右边是“红之队倒计时”。左边显示还有 53 天，右边还剩 28 天。

张伯伦大步走了进来。他刚才在和马蒂亚通电话，所以晚了一点。

他问道：“我们想到什么开创性的点子了吗？”

他们需要给电池中心的提案制定核心依据。张伯伦说这个问题必须在提案的前五页解释清楚。这是阿贡能否赢得电池中心的关键。如果前面几页让人眼前一亮，审阅者就会继续看后面的 27 个章节，只是想证明自己的第一印象是否正确。不过，如果他们没有做到位——如果他们前面五页不对路，所有努力都将白费。

盖拉格问：“我们是按照 FOA 的标准来写，还是读出言外之意？”

张伯伦问：“你是什么意思？”

盖拉格是指马蒂亚给阿贡的警示：不要过分强调基础研究。他的发现与这个团队的核心动态非常吻合：六个星期以来，他们一直在开会，张伯伦的队员深入探讨了一个问题——能源部究竟想要什么？当然，能源部会通过 FOA 发布指示，但肯定不限于此。在张伯伦的带领下，大家开始讨论这个值得怀疑的思路。他先是用这种开场白“我们的情报告诉我们……”或者“我们在 DOE 的内线告诉我们……”来表达自己的想法。没人知道这些神秘人物的身份，但是张伯伦的语调说明他真的有内幕消息：FOA 说是“应用”，其实它的意思是“研究”。

马蒂亚跟这个团队说过：“相信 FOA。”换句话说，张伯伦也许有内线，但他们弄错了。

所以，这时盖拉格一边做手势，专注地盯着前面，一边井井有条地说：“嗯，到现在为止，我们期望我们所想的问题是言外之意。那么，我们是不是这样做的呢？或者说，我们是在按照 FOA 的真实意思写提案吗？”

张伯伦看着其他人，说道：“在企业界工作时，我常常思考客户想要什么，然后尽力满足他们的需求。在这个提案中，我一直反对这种思路——直到这次评审。”他的声音越来越低，透露的意思却很明确：原来的工作原则已经失效。他们再也不会做出预测。

张伯伦将一张幻灯片投到屏幕上。标题是“目标”。然后写着，“快速演进。为当前不存在的技术设计可行的原型。”

张伯伦解释说：“所有工作，包括研究在内，都要以制作可以运行的原型为目标。我是说所有工作。我们不要为了制造量子点而制造量子点。但是，如果我们能够证明制造量子点会帮助我们制造一个可行的原型，我们就应该制造量子点。”

阿贡的律师布拉德·乌尔里克坐在张伯伦旁边。两人都没有通过真正的竞聘而加入这个提案团队。他俩是临时进来的，而且将来要在电池中心任职。其他人不敢奢望他俩现在的位置。两人在国家实验室领域具有非凡的实力——张伯伦曾经是企业家，乌尔里克是法律权威人士，擅长专利法，风格犀利，富有魄力。乌尔里克最近离了婚，他和前任妻子相隔几个街区，共同抚养两个年幼的女儿。他喜欢运动，风度翩翩，和蔼可亲，目前渴望与人约会。但是，他的羞怯说明不和睦的婚姻显然给他留下了伤痕。乌尔里克和张伯伦似乎如影随形。他说：“杰夫是我最好的朋友。”

一年半前，乌尔里克告诉张伯伦说，他——张伯伦——将来一定会成为实验室的副主任，直接向埃里克·艾萨克斯汇报。当时这个想法似乎很奇怪。张伯伦从知识产权中心调到电池部担任主管，已经升得很快了。是整个实验室的高管职位。现在，张伯伦正在主导堪称阿贡历史上意义最为深远的项目，乌尔里克的说法似乎有点贴近实际。

乌尔里克心想，如果阿贡有更多像他们这样的员工，它会更加健康地发展。也许，这又会产生一系列新规定，因为实验室必须想方设法管好这些不同个性的员工。如果你看一下张伯伦的履历，他每份工作都没有做很久——几年左右。这次没人知道他会待多久。但同时乌尔里克准备和他携手共进。

科格希尔试图控制这个团队的运营方式。有一次，她希望整个团队分成几个小组，三人一组，互相传递已经编辑过的纸张，这样每个人都有机会完善每个章节。她说，这种做法可能需要一点时间，但特别有效，最终这份文件也会比较整洁。事实上，整个团队十几个人各自修改不同的章节。

一天，艾萨克斯走进来，前面是一位捧着一堆披萨的快递员。他告诉团队的所有成员，他们所做的工作非常重要，然后和大家谈心。这一招果然有效，电池中心团队看到艾萨克斯对这个项目很感兴趣，精神似乎又振作起来了。艾萨克斯还注意到张伯伦身上的一个改变：更加坚定。他和下属以及艾萨克斯交谈时就是这种风格。既尊重他人，又表明态度。他会这样说："你要为我做这件事。"张伯伦完成了必要的转变。

有人问张伯伦，他们的提案进展如何。他回答说："马马虎虎。"马蒂亚跟他说过，到"红之队"评审的那天他们只能完成四分之三，实际上他们的进度差不多是这样。他感到压力了吗？

"嗯。"

马蒂亚的第二轮评审如期而至。张伯伦觉得他仍然会"残酷无情"，当然也会"不吝赐教"，提出具体的修改建议。最终，有人提出了一个响亮的口号，将这个提案称为"三五规划"，即在五年的项目期限内以五分之一的成本使能量密度达到当前最先进电池的5倍。

如果阿贡获胜，美国科学院院士、超导体先驱乔治·克拉布特里将担任电池中心的主管。克拉布特里进入电池中心团队的时间相对较晚。最初的人选是一位大学的科学家，但他选择了退出。这其实是一件好事，因为他的研究能力虽然很强，但缺乏进取心，在国家实验室以外的领域也缺少影响力。阿贡的电池明星不会唯他马首是瞻。另外，毕竟华盛顿方面最终决定电池中心花落谁家，而他对华盛顿的影响微乎其微。所以，艾萨克斯找到了克拉布特里，他在担任化学部主管期间深受爱戴，也做过阿贡驻美国能源部的代表。克拉布特里为人温和，善于阐述复杂的概念；能源部的高级主管经常邀请他参与重大的能源研究项目或者组织公开活动。他所缺乏的是与电池相关的各种专业知识。不过，艾萨克斯认为，他会很快跟上进度的。克拉布特里在科学界的声望正是这个阿贡团队所需要的，所以他是合适的人选。"红之队"一致认可他。

萨克雷和阿曼认为"三五规划"是一个幻想，因此对它不以为然。但是，"红之队"喜欢这个响亮的口号。

提案的前五页还没准备妥当。张伯伦说，"'红之队'因为那个部分对我们大肆批评"。阿贡必须说清楚它准备如何实现这些目标。张伯伦说："我们得重新编写整个部分。"

其他一些批评应该归咎于张伯伦的领导缺陷。他习惯于寻求共识，这拖慢了项目的进度；现在应该把提案从小组交到两三个关键成员的手里了。张伯伦说，一般来说他需要"更加专心地聆听自己的直觉"。有一次，"红之队"建议他用图表而非文字阐述一个观点。几天前张伯伦在提案小组内部就曾经建议这种做法，但是遇到阻力后就放弃了。他说："我会倾听每个人的意见。真该死！"张伯伦说，虽然他不喜欢发号施令，但还得改变一下管理方式。他说："我会越来越雷厉风行、踌躇满志的。可以这么说吧。"

他的情绪也开始起伏不定。评审会结束不久，他就觉得这下没戏了。到5月31日的截止日期之前，提案肯定达不到既定的标准。不过，过了四个小时，他又说："这个看起来很棒。我们有望胜出啊。"

每年五月，电池研究人员都要去华盛顿特区参加能源部举行的年度评优会。在一周的时间里，能源部大约9000万美元年度研究经费的所有获得者都要站在评审员前面，为自己的项目辩护。这一年，评优会在弗吉尼亚州的一家万豪酒店举行，与华盛顿特区相隔一条波托马克河。

第一天的主题是“电压衰减”。能源部官员彼得·法盖伊表示，如果NMC 2.0版达到预期的性能，它将利好电动汽车行业，所以电压衰减已经成为重中之重。阿曼、萨克雷和克里斯·约翰逊逐个起身介绍这个问题的解决方案。盖拉格坐在后排，心里一直在担心电池中心的提案，因为还有两个多星期就得提交了。杰克·弗盖伊同样忧心忡忡，只好在自己的智能手机上玩“疯狂的小鸟”。这两人都加入到了核心编写小组，不用处理日常的事务，每周要花60个小时在提案上。

当天晚上，盖拉格和萨克雷的弟子克洛伊与汽车小组组长唐·西勒布朗德一起吃墨西哥菜。西勒布朗德指出，政治因素在重大资助决定方面发挥很大的作用，所以，如果橡树岭——公认的科技巨头——因为政治或政府关系的优势战胜了阿贡，也没什么可惊讶的。他接着讲了一会，然后盖拉格说：“我不理解你刚才说的意思。”盖拉格说，他为这个项目倾注了心血，而现在西勒布朗德却对此不屑一顾。无论如何，西勒布朗德应该闭嘴。西勒布朗德表示道歉，他说自己根本不是那个意思。晚餐一刻钟后就吃完了。

离开餐厅后，盖拉格给张伯伦发了一条短信说，西勒布朗德是个“笨蛋”，“一直都是笨蛋”。然后，他又给汤尼·布雷尔发短信，布雷尔回答，西勒布朗德是个“白痴”，没什么可担心的。

西勒布朗德站在另一扇门旁说：“这些家伙真的很紧张，或者他就是个白痴。”意思是指盖拉格。“我怀疑后者的可能性大一点。”

还剩下十天的时间，张伯伦、马克·彼得斯和霍利·科格希尔齐聚阿贡的“指挥室”。除了电池中心原有的1.2亿美元资助，他们还从外部获得了5200万美元的资金承诺。他们的提案有上千页，其中包括芝加哥市市长拉姆·伊曼纽尔、加利福尼亚州州长杰瑞·布朗、伊利诺伊州和密歇根州州长、12位美国参议员，以及一大批国会议员的私人推荐信。他们并不希望制作一份完美的文件，他们也不想写到最后一天。最终的决定之一有点迷信——他们打算提前递交提案。这样，他们就不会拿截止日期冒险了。

5月25日，离截止日期还有6天，张伯伦按下了“发送”键。

第 37 章　达成交易

2010 年，通用汽车公司发现库玛尔的 NMC 版本缺少几个重要的参数，特别是直流电阻这个指标。如果你的电动汽车装的是续航里程为一两百英里的电池，开到最后二十多英里就会出现这个毛病。这种材料会产生强烈的电阻——负极会拒绝从正极吸收最后一批锂离子。这时，你不得不插上电源，给电池充电。车主会觉得电池突然就没电了，汽车行驶得非常缓慢。通用汽车表示，库玛尔必须大幅降低负极的直流电阻，否则这个电池不能安装在商用汽车里。

尽管如此，通用汽车对这个负极的热情未减。如果库玛尔解决了上述问题，它的优势将十分明显和诱人：比起通用汽车所研究的任何其他负极，库玛尔的新型负极似乎更有可能大幅改善最佳商用电池的性能。如果他解决了剩下的几个问题，这个负极就能帮助汽车制造商大大降低电动汽车的价格，同时提高单次充电的行驶里程。通用汽车的工程师仍然建议谨慎为好，因为如果出现任何故障或者 Envia 没有达到预期，这家汽车制造商将面临风险，所以它最好还是依赖于长期稳定的供应商。然而，库玛尔在 ARPA-E 高峰会上的公告——宣称他已经突破了电池现有的性能障碍，并且创造了一种 400 瓦时/千克的电池——给这次讨论提供了一点信息。Envia 的公告有点夸张——这家初创企业宣布该公司正在通过几百次循环获得 400 瓦时/千克的能量密度。[㊀] 事实上，它完成三个循环后能量密度就骤然下降了。不过，大家似乎忽视了这点——不管怎样，它总会改进的。通用汽车的管理层想要 Envia 的电池，于是命令谈判专员完成一项专利许可交易。

大概在此时，库玛尔将一个 PPT 文件发给了达蒙·弗里希，他是通用汽车指定与 Envia 接洽的中间人。这是 ARPA-E 高峰会后的重要跟进措施。这个文件有一

㊀ 源自公关人士……Envia“公司介绍”，演讲人是卡帕迪亚，2012 年 2 月 23 日。卡帕迪亚于 2 月 27 日将这份 14 页的 PPT 文件发给了 ARPA-E 高峰会上的一小批记者，但并未发给大众媒体或者公开发布。

页说道，Envia 已实现对正极硅碳纳米结构的“精准控制”。该公司正准备扩大产能批量生产 2000 克的包装了。

前一年夏天，通用汽车的马克·马蒂耶斯告知阿贡的电池科研人员说，库玛尔的 NMC 2.0 版目前还不能用。大约过了几个月，马蒂耶斯说，他的态度还是不能明确：Envia 的产品也许能够达到预期目标，反之也可能“让科研人员重新回到基础研究的实验室中”。劳克纳手握关键性的一票，他说自己对库玛尔的进展表示赞赏。他表示，硅碳正极“到现在可能已经接近六百个循环了，这非常值得尊敬。你会发现，哪怕完成一百个循环，电池行业的很多初创公司都会喜出望外。”他的谈判代表继续和卡帕迪亚商讨交易的内容。

这时，能源部获悉，Envia 成了外国企业的收购对象。实际上，为了拿到定制的 NMC 2.0 版负极和其他更高储能的电池，本田汽车和丰田汽车对库玛尔穷追不舍，三星公司的康孙赫也告诉库玛尔说他想要尽快得到改进版的电极。为此，能源部给张伯伦发出警示：阻止 Envia 落入外国企业手中。张伯伦非常恼火。Envia 本身在寻找套现的机会。它不是恶意收购的目标。而且如果 Envia 希望迁出美国，那“跟我们无关。”“我是这么看的，”他说：“我们只是一群为生计奋斗的科学家。我们为什么要考虑行业政策的问题?”

张伯伦要么天真无邪，要么假装无知。如果能源部坚持留住 Envia——一家获得美国联邦资助并且取得重大科技进步的电池公司，它的初衷和张伯伦本人是一样的。他不是一直在说拯救美国吗？这不是电池中心的宗旨吗？电池中心正是以产业政策为基础。张伯伦端坐在办公室，承认这是事实。

这场竞赛的美国选手不仅包括阿贡和 Envia。这两家正在力争上游时，出生于南非的特斯拉汽车公司董事长埃隆·马斯克成为美国电动汽车行业的热门人物。马斯克身材高大，身体轻盈，脸上留着鬓髯，联合创立并出售 PayPal 后获得不菲的收益。现在，他制造的特斯拉让电动汽车炫酷起来。为了给特斯拉汽车提供动力，他以自己的方式支持埃克森美孚的预测：他不理会突破性电池技术的竞赛，只是一心寻找立即可用的产品。马斯克的赌注是通过纯工程手段——集中利用车轮上的最新的奢华高科技，在其他人制造出超级电池之前，他可能早已占领了市场。

这种策略非常大胆、明智，结果也难以预料。马斯克是硅谷的资深人士，曾获得物理学学士学位，他对科学家不屑一顾：他的高级研发团队似乎属于守旧派，丰田汽车前任高管负责制造，马自达前任员工担任首席设计师，只有 JB 斯特劳贝尔是硅谷的“标准产品”，他在斯坦福硕士毕业，先后干过一系列的技术职位。尽管他们没有发明什么新的电池材料，但他们的汽车仍然与众不同。特斯拉汽车由 18650 型锂离子电池（一种圆柱体型的镍钴铝电池）驱动，该电池的外形酷似照相机常用的 AA 电池，只不过尺寸更大而已。这款电池由松下制造，每辆汽车大概需要8000节这样的电池，总重量约为1300磅㊀。虽然电池给车身增加了不少分量，但由于安装在汽车的底板上，所以提升了车辆的稳定性。采用18650型锂电可以降低开发风险和成本，但也产生了工程设计的风险：虽然马斯克团队不必研究如何利用物理学发明更好的电池，他们必须设计一种既能提高效能，又能将汽车价格控制在3万美元左右（马斯克为特斯拉汽车制定的2020年前价格目标）的电池组。目前，特斯拉汽车的售价是最初定价的2~3倍（具体取决于车型）。

正是由于特斯拉汽车不需要依靠实验室里的突破性技术，所以马斯克才受到传统汽车业巨头的青睐。丰田汽车、梅赛德斯-奔驰和戴姆勒公司纷纷购买特斯拉公司的股份，签订协议采购特斯拉的传动系统和电池组。这是对特斯拉公司实力的有力证明。

马斯克说，他不关心NMC 2.0版的进展。库玛尔曾经说过，他有一次谈到特斯拉，但马斯克表示："电池圈的人士发表过许多声明。"马斯克说，他的团队出于价格的考虑选择了镍钴铝材料，因为按照千瓦时标准，这种材料最便宜。他接着说，如果要他来主导Chevy Volt的开发，他会马上放弃NMC，转而选用自己的材料。

阿贡的电池科研人员对马斯克的选择依据表示怀疑。盖拉格认为，虽然镍钴铝的能量密度较高，但是它在主要的锂离子反应类型中最不稳定。它容易起火。马斯克将镍钴铝用于特斯拉汽车，是在自找麻烦。

在ARPA-E高峰会上，库玛尔发布了一款能量密度高达400瓦时/千克的电池。但是，他需要真正改进这款电池的循环性能，才能将其用于电动汽车。换句话说，这款电池应该经受1000次充电、放电的循环。"电压衰减"是实现这个目标时面临的一大障碍。到目前为止，库玛尔和马斯克一样，也是通过工程方法稳定"电压衰减"——将电压控制在4.5伏以下，避免触发全面衰减。这种NMC适用于工作电池。不过，如果你能在4.6伏或更高的电压下可靠地激活电池，它的性能会进一步提升——如果Envia能够制造NMC 2.0版。倘若这家初创公司彻底解决了"电压衰减"的问题，它必将实现一次巨大的飞跃。

库玛尔希望速战速决。现在是时候从工程解决方案转向深度科学了。他需要一位熟悉只有国家实验室才拥有的先进纳米电子束仪器的人才。只有这样一位专家才有能取得预期的成果。

于是，库玛尔邀请杰森·克洛伊再次到访纽瓦克。

㊀ 1磅约为0.454千克。

第 38 章 “为什么不是我?”

尽管张伯伦的铭牌还留在电池部办公室的角落，但他已经把家庭照片和其他私人物品搬到了指挥室。现在他全身心投入到电池中心上，所以阿贡必须给他找一位电池部的接班人。这个变动发生后，电池部的一些员工明显出现了情绪波动。几十年来，至少在大家的记忆里，电池部每位主管都是“空降兵”。自从 20 世纪 60 年代埃尔顿・凯恩斯担任电池部主管以来，内部再也没人被提拔到这个岗位。杰克・弗盖伊说，三十多年来，事实上除了博士后助理转正成为全职员工外，电池部没有出现过这样的晋升机会。如今，来自洛斯阿拉莫斯国家实验室的新人汤尼・布雷尔成了张伯伦的临时接班人，对此有几位电池科研人员就有意见了。其中一个人说：“为什么不是我?”

萨克雷和阿曼都没有觊觎这个纯行政岗位，但是他俩对布雷尔的晋升也表示愤慨。和张伯伦不同，布雷尔没有将自己的职责局限于发明的许可授权事务，他还插手科研事务。布雷尔本人不是电池专业人士，却接管了电池部的锂空气研究项目，因此两位电池天才感到愤愤不平。阿曼原本希望掌管锂空气项目，自从他从陶氏化学获得对这个项目的大笔资助后更是如此。萨克雷说，你根本不应该安排一个不懂电池的家伙管理像锂空气这样严肃的项目。布雷尔接管“电压衰减”团队后，阿曼更加怨恨。在一次部门大会上，阿曼对坐在对面的布雷尔说，这个职位应该由克里斯・约翰逊担任。他说，约翰逊对 NMC 的了解超过绝大多数同事。布雷尔就像是一颗盆栽，阿曼都没有正眼看他。如此指责布雷尔和高层在选择团队领导方面的特权，符合阿曼的个人风格，他直言不讳的作风一目了然。

布雷尔的几次任命决定让阿曼十分恼火，但主要症结在于声望和尊重。在一系列的私人会谈中，阿曼要求张伯伦考虑一下他取得的成就：49 岁的他仍然是 709 级，这是美国国家实验室第二资深的级别。他说，他应该升到 710 级，即所谓的“杰出研究员”级别。阿贡的每一个大部门都有一个 710 的名额，有时会分配两个。205 号楼就有两个，但仅此而已。整个实验室只有十个人左右属于 710 级别。这个最高荣誉代表了漫长职业生涯的最高成就，获得者一般都在 60 岁左右，一般接近退休，比如萨克雷本人就是 710 级别。不过，阿曼表示，他不应该继续等待，他获得过多项奖励，发表过大量的论文，申请了大约 120 项专利，而且在国际上享有盛誉。他和萨克雷一样优秀。他说：“要知道，我一直都很耐心。你可以问问上级领导。我希望由你给我颁发这个荣誉。这样，他们就知道你在支持我，你在发挥应有的作用。”空气中弥漫着一种潜在的威胁——如果张伯伦不为他争取这个荣誉，他会越级“争取自己的权利”。阿曼以前也这么做过。

几年前，阿曼曾经找过张伯伦的前任加里·亨里克森。他说：“加里，我四年以来一直是 708 级。”现在我该晋升了。但是，亨里克森拒绝给他推荐；这不是因为亨里克森不尊重他的成就。两年来，亨里克森一直在推动另外一位资深研究人员的晋升，这位同事比阿曼年长，亨里克森觉得他应该优先晋升。如果这两人同时申请，实验室管理层可能要同时处理两份推荐信，另一位同事基本上没有机会晋升，因为阿曼会令对方相形见绌。公平的做法是让另一位研究人员优先申请，然后再轮到阿曼。但阿曼拒绝这种做法。

亨里克森回答说，“真是个忘恩负义的人”，他再次拒绝了阿曼的请求。

阿曼找到化学部门的主任。他说：“你得让我晋升，要不然我就辞职。这事你决定吧。请在一周内答复我。”第二天，电话响了。“准备好你的申请材料。我们会把材料送上去的。”结果，两人都得到了晋升。

跟布雷尔发飙后不久，阿曼正在吃寿司，这时手机突然振动了。他说，“噢，你好，杰夫”，然后表示歉意。

张伯伦说：“你获得晋升了。”张伯伦不希望这次和上次一样闹得很僵。他把阿曼的特殊请求上报高层后获得了批准。

阿曼回到餐桌前，喜笑颜开。他说：“杰夫这人非常棒。他赏罚公平，我想我们有他做领导非常幸运。”

之后，张伯伦的直接上司——化学科学与工程研究部（CSE）主任艾米丽奥·布内尔召集电池部开会。他宣布了一项人事任命：杰克·弗盖伊升任小组组长。如果科研明星公开抱怨，布内尔和张伯伦想知道下一个是谁。电池部拥有 60 多位研究员，但管理结构和以前只有五六个人时相同：一位主任，两位小组组长（阿曼和萨克雷）。如果科研人员在整个职业生涯中都担任同一个职位，抱怨在所难免。现在，弗盖伊可以领导自己的电池研究团队了。

随着惊讶程度的逐渐减弱，这个举措似乎让形势更加明朗。阿曼的晋升还没有公开宣布，但弗盖伊的任命通知足以在电池部让人窃喜。有些人列了一个包括自己在内、需要加薪的员工名单。由于弗盖伊已经在电池部工作了 15 年，与众不同、和蔼可亲，所以即使自己没有在名单上排第一位也没人抱怨。

弗盖伊似乎非常感激，但同时表示他的生活将一如往常。因为阿贡员工的薪资和其他联邦工作人员一样在两年内不能加薪，所以他也没有加薪。他将继续现有的工作任务：制造一种不会起火的纯锂金属正极。如果他获得成功，这将是一个巨大的成就，一个超越“电压衰减”解决方案的成就。它会给他带来比任何职务晋升更加重要的荣誉。尽管如此，弗盖伊仍然表示这个举措——某人的晋升——来得有点晚。

杰森对弗盖伊的晋升无动于衷。他在阿贡的3年博士后助理期限已经过了一半多，需要解决自己的一件急事。如果阿贡不打算提拔他，即将他聘为正式员工，他就得着手另谋出路了。他的年龄比许多博士后大了近10岁，家里还有两个小孩要抚养。

萨克雷说，杰森·克洛伊应该获得晋升，但是目前还没有空缺；即使现在有空缺，他也要参加竞聘。事实上，阿贡和大多数雇主一样，遇到真正的人才时通常都会采取果断的措施。不过，这显然存在风险：他必须真正得到一个有竞争性的职位邀请。克洛伊说，话虽如此，他不会轻易出去找工作。如果他得到一个职位邀请，自己也喜欢那份工作，他可能会接受邀请并且离开阿贡。他说：“我不会箭在弦上，紧握着不发。我不喜欢浪费自己的时间或别人的时间。”萨克雷说，他表示理解。

克洛伊给库玛尔发了一封邮件，于是双方约好时间见面。

这次面试前几个月，克洛伊、萨克雷和库玛尔曾经就“电压衰减”问题交换了看法。Envia团队已经非常熟悉他的工作。但是，他们观看克洛伊讲解他的幻灯片时，发现这里面都是新东西。克洛伊和盖拉格最近从电子束中得到有关“电压衰减”性质的最新启示。这种进展正是库玛尔希望Envia能够实现的目标。然而，当他们随后一对一交流时，库玛尔没有向克洛伊提出有关科研的问题。相反，他聊起了职业——寻找适合Envia的人才。克洛伊可以看出，库玛尔重视“公司及其形象，他们希望自己的事业并且对此坚信不疑”。

最后，克洛伊和卡帕迪亚见了面。这位CEO说，克洛伊在Envia见过的所有人都喜欢他。卡帕迪亚说：“我们准备给你发一份工作邀请。如果你想要这个工作，你可以提出任何让自己满意的条件。”

克洛伊欣喜不已。这家企业显然充满活力，管理公司的科学家睿智、热情、自信。库玛尔的务实更是给他留下了深刻印象。虽然他期望得到阿贡的全职工作机会，但同时也渴望得到Envia发出的工作邀请。

阿贡的反应非常迅速。张伯伦不再主导电池部的工作，但仍然主管实验室储能部门的总体事务。他说，克洛伊可与盖拉格媲美。两人都是“明星”。“如果我们失去了杰森，那将是一大遗憾，因为他的潜力巨大，不仅在科研方面，领导能力也是如此，”张伯伦表示：“既能领导，又有智慧的人不多。他兼具这两方面的才能。”

克洛伊为人谦逊，他自己也持相同的看法。在接下来的几天里，萨克雷问克洛伊未来几年的打算。克洛伊说：“坐上艾萨克斯的位子”。

张伯伦说，阿贡和Envia都明白一点：无论哪一方得到克洛伊，它都将获得

“最接近突破电压衰减难题的一员悍将”。

一个多月后，库玛尔给克洛伊发了一封两页的邮件。这位 Envia 的创始人还给克洛伊的办公室电话留了一个口信，以示诚意。他希望克洛伊以“资深科学家”的身份加入 Envia 公司。库玛尔向克洛伊提出了三万股票期权的条件。库玛尔说，如果 Envia 实现 IPO，这些股票的价值可能达到50万美元，甚至是100万美元，这足够在房价高昂的东湾支付一套豪宅的首付款了。克洛伊没有向阿贡透露 Envia 提供的待遇细节，只是说薪酬方案“非常诱人”。

张伯伦提出了一个具有竞争性的条件。他知道自己给不了库玛尔宣称的那些“真金白银”，但是考虑到相对生活成本，他的待遇条件就相差不多了。芝加哥南部的房子价格便宜得多。他也不能提供所谓的股票期权。然而，他知道克洛伊希望靠近父母亲和岳父母在印第安纳州的家。林赛·克洛伊不想搬到加利福尼亚州居住。张伯伦希望这个因素加上更高的薪资能够影响克洛伊的决定。

阿贡的行政管理人员审批这个方案的速度很慢。拿到库玛尔的工作邀请一周后，克洛伊说：“说真的，我还在等待阿贡的消息。没有正式工作，没有电池中心，没有经济收入。我们只有‘电压衰减’，它和星星一样永恒！”

两天后他必须答复库玛尔。

张伯伦和克洛伊通了一次电话。张伯伦说，年轻人应该从自身环境出发，做出最好的决定。Envia 的工作邀请很有吸引力，也许物质待遇胜过阿贡。但是，作为忠告，他想要确保克洛伊理解——如果现在他还不明白的话——湾区的现实状况。“加入 Envia 你会面临众多的风险，”他说。“看看 Solyndra。这家公司两年后就会停业。硅谷是一个残酷的地方。”他接着说：

> 目前来看，准备 IPO 的计划确实让人兴奋。如果你愿意，你可以相信这种过度的吸引力。他们用期权来吸引你。但是，谁都无法预测 Envia 是不是一个幻想。即使你了解所有数据也是如此。我不是在贬低 Envia——我想他们正在全力以赴。不过，如果你现在完全是局外人，所以你不知道其中的真相。

张伯伦非常诚恳。但是，尽管他对 Envia 顾虑重重，萨克雷却怀疑张伯伦是否有点过分。萨克雷说：“你能否想象一下，如果我们劝说杰森留下来，五年后他能值500万美元吗？”

最后，阿贡的人力资源部门给克洛伊发了一封工作邀请函。

克洛伊还有一天的时间可以权衡这两个机会。

第二天上午，克洛伊给张伯伦发了一封邮件。他在邮件中说：“我只想说，我正式接受您的工作邀请。”虽然 Envia 的工作机会待遇不菲，但张伯伦的直觉很准。克洛伊一家人分开的时间太久了，林赛·克洛伊拒绝再次分开。

库玛尔表示理解。他说，权衡这两个工作机会“让杰森很为难”。然而，他对于未能说服这位阿贡的人才感到遗憾。克洛伊也有同感。他说：“我想，去 Envia 工作应该是不错的选择。”

第 39 章 “打破旧范式”

2012 年 7 月，阿贡的电池中心团队到华盛顿参加电池中心竞标面试。这是这次竞标当中最难的环节。评审团队由电池专家和其他非相关领域的科学家组成，他们将非常严苛，甚至残酷。

阿贡的代表担心橡树岭国家实验室和德克萨斯大学奥斯汀分校组成的明星团队。这个团队的队长是这所大学能源所的主任雷·奥巴赫。奥巴赫有官方工作背景，他曾经在美国能源部担任科学副部长，是一位杰出的理论和实验物理学家，在科学界人脉资源丰富。奥巴赫组建了一个阵容强大的团队，其中最具威胁的实力派人物当属约翰·古迪纳夫——89 岁高龄的锂离子电池先驱。张伯伦说，阿贡的提案凝结了全球最优秀的电池团队的心血。不过，与现代电池之父古迪纳夫相比，这个说法显得有点草率。

古迪纳夫很有竞争力，而且对电池中心这个项目极其认真。预期实现的科研突破“对于社会结构至关重要”，古迪纳夫表示：“如果你要超越地球上 70 亿人，你得满足所有人的需求。”

从阿贡的角度来看，一个利好消息是奥巴赫邀请电池领域的传奇人物加盟后，却和他发生了对抗。古迪纳夫扬言要退出这个团队。他抱怨说，奥巴赫的提案经理将他作为一个摆设，而没有让他继续发挥电池科学家的作用。“他们让我参与进去，（但是）一切得听他们的安排，”他介绍道。“要知道，年轻人喜欢利用老年人的声誉，却不给老年人权力。”他大笑了一下，但并不是真的开心。古迪纳夫说：“说实在的，我不想别人滥用我的名字。”

撇开橡树岭的内讧不谈，阿贡团队不能指望他们的竞争对手出现失误。他们必须专心准备面试。

面试房间允许八个人入场。阿贡的团队包括五位来自全国各地的发言人：麻省理工学院的蒋业明教授，阿贡的实验化学家内纳德·马克维奇（来自塞尔维亚），伯克利的克里斯汀·佩森（材料专家），当然还有克拉布特里和张伯伦。最后剩下了三个名额。阿贡的经理深入思考了两个问题：其他还有谁可以增加这份提案的实力？还有什么办法可以打动评审人员的心扉？最终，他们决定阿贡的合作伙伴之一陶氏化学应该加入这个团队，以表明企业界对这个提案的认可。作为公认的电池界超级明星，卡哈尔·阿曼也拿到了一个名额。最后只剩一个名额了。张伯伦提名盖拉格，让他代表正在兴起的新一代科学家。但是，在最后时刻，艾萨克斯挺身而出，加入了这个队伍。他想要表明整个实验室都在支持这个项目。盖拉格可以和这个团队一起到华盛顿，在会场外面负责后勤工作。盖拉格至少比其他团队成员年轻二十岁，所以他为自己有机会亲临现场都感到激动不已。

接下来是这个提案本身。随着截止日期的临近，盖拉格的技术-经济模型逐渐进入这个文件的前面部分，现在已成为阿贡面试报告中越来越重要的一个因素。就在前一天，这个团队在实验室里当着艾萨克斯和副手皮特·里特尔伍德的面进行彩排。当张伯伦的报告讲到一半时，这两位贝尔老将突然对张伯伦有关尼尔森-盖拉格模型的说明提出问题。

“这里必须从一开始就解释到位，”其中一位说，“这是我们必须介绍的内容。”

每次谈到这个模型的重要性，盖拉格的地位其实都得到一次提升。按照现在的形势来看，如果阿贡获胜，他将被提拔到这些高层人士手下的管理岗位上。

盖拉格自己认为这个模型是一个“极其有用的工具”。但是，他在电池中心早期的讨论中压制了自己的观点，因为他在实验室内部经常听到一些人的嘲讽，他们觉得这个模型“是二流的东西，随便一个学士都能做出来”。其他的电池科研人员则故意避开这个模型。现在，艾萨克斯和里特尔伍德力挺这个模型，认为这种创新工具有助于经济地创建原型：它让发明者很快就知道哪些东西适合在工厂进行量产，哪些不适合，从而加快创新的进程。对此，盖拉格“格外惊喜”。

里特尔伍德对原型的重视可以追溯到自己在贝尔实验室的工作经历。据他回忆，有个项目原本是要建立一个原型，无意中却发现了“分子量子霍尔效应”。三位科学家因为发现这个物理学原理而获得 1998 年的诺贝尔物理学奖。里特尔伍德支持电池中心将原型建设作为第一原则的想法。

对盖拉格来说，高层的态度阐明了电池中心的核心使命，那就是“扔掉旧的范式，然后说，‘如果你能从头开始，你准备如何组织这个项目？’”提案的写作团队对这个关键的结论达成了共识：要想快速开启电动汽车的时代，你需要一套全新的研究体系。你必须忽视当前大部分的电池研发项目，构思一种新的发明方法和新的储能概念。古迪纳夫本人也认可这种思路。“我们大多数人相信，你按照现在的模型最终能够实现目标”，盖拉格说，“但是，那样的效率不高。我们希望在近期，而不是在遥远的未来实现目标。”如果有什么东西能够在无意中创造大的飞跃，它可能早就取得这样的结果了。要想赢得这场竞赛，唯一的途径是从头开始。

这个说法——全球市场上或各地电池实验室里现有的东西都达不到这个任务的要求——非常大胆。盖拉格甚至不敢肯定电池中心就是解决之道。卡哈尔·阿曼说过，在十年内合适的团队加上足够的资金就能取得突破性的电池科研成果。

和阿曼不同，盖拉格“更加务实”。他说：“我不知道。事实上，我真的乐于尝试。”

电池中心可能达到目标，也可能达不到。盖拉格说，阿贡和其他地方目前实施的电池开发项目是死路一条。

阿贡团队在他们下榻的位于马里兰州日尔曼敦的万豪酒店另外租了一个房间。这个酒店与华盛顿特区相隔30英里，在华盛顿特区的西北方向。竞标面试将于周三在能源部的基础科学部举行。今天是周一，这个团队将在这个另租的房间进行排练，明天休息一天。

周一上午，团队成员集聚一堂，参加最后一轮彩排。克拉布特里第一个发言。他说，这个以阿贡为主导的团队非常认真地考虑了能源部FOA（“资助机会公告”）中提出的建议，期待评审人员的检查。然后，他在屏幕上展示了一张图表。这个由盖拉格设计的“统一图”描绘了科研创新从实验室走向市场的过程。图表的核心是技术-经济模型。这张图在电池中心的名称是“系统分析”，而克拉布特里获得高层的最新指示后，把它当成一项创新大力倡导。他表示，这是“电池开发的最新范式”，体现了“以科学为基础的理性设计”，它可以帮助“我们预测未来可能取得的科研成果”。

克拉布特里接着说，根据当前的科研方法，科学家发表论文，工程师负责实施，这导致正极、负极和电解液方面的科研团队出现脱节。“他们按照边找边试的方法操作。所以，如果一个思路行之有效，‘我们接着开发’。如果思路没有效果，我们马上就会放弃，却不去思考无效的理由，”他解释道。结果，每年电池性能只提高了5%左右，“这其实非常了不起，但是要想实现目标，它还不够快。”

克拉布特里表示，阿贡团队要实现变革型的目标，必须采取一种全新的操作方法。他介绍了“三个五规划”，即在5年内用五分之一的成本将能量密度提高5倍。他是，“接下来我们看一下这个系统的工作方式。”

研究完一个电池设计后，研究人员即将进入下一个阶段。这时，电池中心的经理开始介入并且召集会议：根据目前的结果，这个项目是否可以继续进行？如果答案是“可以”，下一个阶段将成立一个“转换开发团队”。克拉布特里请大家看一张幻灯片。“这些颜色表示电池中心各个部分的代表，”他解释道。现在这个团队可以将值得开发的电池设想推进到“更多的决策点”。如果这个设想能够达到标杆的要求，然后它就能升级到工业量产阶段。

阿贡团队开始就以新的电池理论为基础。这份提案包含了三个具有转变潜力的设想。在阿贡团队看来，每个设想都有机会获得成功。克拉布特里说，为了深入拓展这些设想，这个团队准备了多个“变革性的工具”。其中，“电化学发现实验室”拥有检测电池所需的各种主要测量工具。这些工具非常敏感，操作人员需要经过训练才能使用它们。一旦操作人员掌握了使用技能，这些工具以及技术-经济模型就能将甄别成功和失败的化学反应的时间减少几个月，甚至几年。

有些设想可能会失败，阿贡的团队将确定它们不适合进一步开发。克拉布特里表示，“事实上，我们期待遇到很多失败的设想”。我们可以从一些不合适的设想中获得有用的知识——通过一个专门设立的“科学知识图书馆”，我们可以将所吸取的教训融入质询过程。

“我们组建的团队涵盖了五个国家实验室、五所大学、五个行业合作伙伴，”克拉布特里说。“还有一个团队，一个管理层，一个使命。”

张伯伦第二个发言。他谈到“温度图表”。阿贡认为，这个图表对电池中心的成功至关重要。它属于技术-经济模型的一个组成部分，其思想在于通过研究图表跟踪每种材料。颜色和直线长度表示材料转化为原型的准备充分程度。直线越长、越绿，材料在性能、成本、能源、电力、安全性以及寿命方面准备得越充分。重点在于这些数据非常全面。张伯伦所说的成本不仅仅是电极的制作、涂覆等，还包括产品装运和接收，即开发一个蓄电池组的总成本。例如：高电压系统几乎都能在相对较小的工厂使用，具有成本优势，因此，明显体现在图表中一根长长的绿线上。

张伯伦接着说，评审人员在将阿贡和电池中心其他竞争者比较时需要考虑另一个重要的问题。那就是“你们第一天的运营速度怎么样？”他说，阿贡团队不仅具有“合适的技能和人员。我们还拥有合适的设备”。所有成员都签署了一份关于知识产权的法律协议。如果一个想法被另一个团队成员夺走了，“我们也不用担心”错过良机。张伯伦说：“我们事先制定好了计划，所以可以公开合作。”一个实体——阿贡——将管理所有的许可事宜。电池中心将成为“行业的一站式商店，并且积极推进各方的合作”，他说。

7月18日，周三上午，阿贡团队的成员陆陆续续进入了能源部基础科学部总部一个破旧的房间。评审人员早已坐在里面，为阿贡的人员留下了一些空座，还有一台显示幻灯片的旧投影仪。

投影仪坏了。张伯伦招呼站在房间外的盖拉格，他带了一台备用的投影仪。然后，房间突然一片漆黑，原来是停电了。电池科研人员静静地站在那里。时间过了很久。

最后，房间的灯又亮了。

张伯伦说，“我想刚才是八分钟。我们可以补上这段时间，对吧？”

“你们可以补上五分钟。”一位评审人员说。

面试结束后，大家坐在一起喝咖啡。评审人员，特别是NMC的另一位发明者杰夫·达恩抓住了“三个五规划”这个话题。达恩说：“你们绝对实现不了这个计划。”其他评审人员接着聊起了这个主题。张伯伦在阿贡经历过完全相同的质疑，在评审人员之间即将爆发混乱前，他站起来说：“根据我在企业界和学术界的经验，如果你为员工制定了目标，员工自然会努力去实现那个目标。所以，我们制定了那个目标。”他向评审人员点了点头，接着说：“实现这个目标极其困难。我们知道它可以鼓舞人心。但是，如果我们能够实现一半或者三分之二的目标，我们就能改变市场。我不是指它将带来小小的改变或者创造企业和就业。它将改变市场。”

张伯伦希望大家理解他的想法——如果他们过于现实，设立的目标是对锂离子电池实现50%的改进，那么研究人员将会追求50%的改进目标。然而，倘若他们的目标是5倍的改进效果，并且最终实现了2倍的改进目标，“那将是一个巨大的成就。”有几位电池科研人员对达恩不太满意，但克拉布特里认为他的问题比较公平——有点尖锐，但还算公平。

返回芝加哥的航班还有几个小时才起飞。在机场候机时，艾萨克斯说，没有人能像克拉布特里那样控制局面。他走进房间时，评审委员会的每位成员都认识他。艾萨克斯说：“如果没有你，我们不可能完成这次评审。”张伯伦说，每个人“都表现出色。”

有人问道：“这算是大功告成了吗?”

“不算，根本不算，”艾萨克斯回答说。他的声音有点紧张。

克拉布特里说：“我们耐心等结果吧。”

然后，有人透露，萨克雷在面试前预言阿贡将获胜。张伯伦大笑。

艾萨克斯说：“我们不是稳操胜券。其他竞争对手也很强劲，结果无法预料。这些委员可能会做任何他们想做的事。能源部也会有自己的判断。这个决定真的非常艰难。”特别是大家谁都不知道橡树岭大师会施展什么绝活。

虽然不是稳操胜券，但他们仍然信心满满。

第 40 章 漫长的等待

面试三周后，克拉伯特里、张伯伦等阿贡高级经理得到一个简短的消息：准备参加艾萨克斯主持的电话会议。

一小时后，电话会议正式开始。

“大家都坐好了吗?”艾萨克斯问。“嗯，我想告诉你们一个消息。我们赢得了电池中心。”漫长的斗争终于结束了。电池中心属于阿贡国家实验室。

艾萨克斯几乎没等大家回过神来。他们必须在能源部公布这个结果前将这个提案发展成为实施计划。能源部可能随时宣布结果，他们需要做好准备。同时，他们发誓要保守秘密。这个结果暂时不能让其他人知道，甚至连提案小组的其他成员也不例外。艾萨克斯自己只能在能源部发布正式公告后才能按照规定宣布这个结果。

团队其他成员十分焦虑。阿曼说，这个决定应该会在几天后公布，下周初肯定会宣布的。

与此同时，阿曼也在私下运作自己的计划。他的直接目标是让 NMC 2.0 版应用于 iPhone 和苹果公司的其他电子产品。他和该公司的电池研发人员在加利福尼亚州库珀蒂诺市会面过。苹果公司的产品采用了动力强劲的钴酸锂电池。毫无疑问，这种电池的性能非常可靠。但是，它不是苹果公司的最佳选择，阿曼表示。这种电池的容量是每克 140 毫安小时，但是随着电池不断的减弱你只能使用其中一半的容量。如果只是用来打电话，iPhone 的电池一般够用几个小时，但如果你打开了谷歌地图，电池的使用时间会短很多。反之，NMC 2.0 版的容量为每克 190 毫安小时，比钴酸锂电池高出 30% 以上。前者的工作电压更高，这说明它的能量更足。但是 NMC 2.0 版还需要完善，包括用涂层和添加剂保护电极的表面。但是，阿曼说这种转变对于苹果公司而言是非常明智的战略举措。问题不仅仅在于性能。许多电动汽车也开始在上市销售，最终将给全球的钴材料供应造成严重的压力。这种金属的价格有可能飙升。由于现在钴材料只占汽车电池负极的 30%，这个趋势对于汽车制造行业来说不是什么大问题。然而，目前苹果公司的电池负极 100% 都是氧化钴。

苹果公司派出一个团队到阿贡深入调研阿曼的建议。“如果苹果公司购买了许可授权，那将是一笔大买卖，”阿曼笑着说。“他们跟我们说过，未来五年他们需要 10 亿个电池。太棒了！”

两个月过去了，电池中心的决定仍未公布。阿贡的高管团队开始怀疑是不是有人改变主意了。就连那些知道内情的人也说，他们可能不会再相信艾萨克斯透露的消息了。也许他们根本就没有获胜。或者也有可能这个决定被人推翻了。华盛顿的政治关系加上总统大选，谁知道呢？

一天，马克·彼得斯和萨克雷同时站在办公室外面。彼得斯问：“现在华盛顿是几点，两点四十五？”萨克雷说，“今天不可能了，要等到下周了。”

几个星期又过去了，仍然不见公告，阿贡内部的忧虑不断加深。尽管高层做出了保证，但核心团队却担心另外一个团队有可能暗地里推翻了这个决定。他们只能坐等公告。有一次，阿曼表示：“如果我们没有拿下电池中心，那简直是一大灾难。”

这一年的十月，A123 公司宣布破产。它原本准备把 80% 的股权卖给中国的万向公司，后来又决定申请破产保护。阿贡的团队担心，这个公司的破产可能让政府取消阿贡的权利。A123 曾经得到美国联邦政府 1.35 亿美元的激励资金，为一家位于密歇根州的电池工厂提供资助。该公司在提交破产申请文件那天收到美国能源部一张 946830 美元的支票。阿贡团队采取果断措施，告知能源部 A123 已经退出电池中心的团队。然而，谁都不知道，如果宣布阿贡获胜，外界是否会认为阿贡先发制人，以防止政治攻击。

克拉伯特里从能源部一位未透露姓名的人士处得知，这个公告有可能等到 11 月 6 日总统大选后发布。其中的道理很简单，没人希望引发一个可能威胁到奥巴马再次当选的事件。

几周后朱棣文将抵达芝加哥。盖拉格希望有人会鼓起勇气去问他谁是赢家。不过，盖拉格觉得他自己有点天真。他和团队其他人对这个提案寄予厚望。他们原本以为外界人士会认同他们的构想。如今，政治现实似乎正在发挥影响力。此前，他们没有料到这个风险。盖拉格说：“我想着这就像是‘被洗脑了’一样。”

奥巴马再次当选美国总统。此后，电池中心还是没有消息。张伯伦说，“我们将在感恩节前得到消息。”但是，谁都无法真正确认。电池圈流传着一些谣言。张伯伦说，如果他把各种传说中的公告日期画在一个图上，它们集中分布在本周前后，即 11 月中旬。但是，也有些人说，公告要在四个月后才会发布。他说：“我真不知道该相信哪个。”

最后，官方消息终于来了。阿贡管理层应邀参加一个电话会议——阿贡国家实验室获胜。公告将于 11 月 30 日在芝加哥大学发布。

那天上午，张伯伦和克拉伯特里把袋子拖进芝加哥大学布斯商学院的现代化主楼——格利彻尔中心（Gleacher Center），然后把电池组件一个个拖出来。这些道具将用于向受邀参加会议的要人介绍电池中心的工作。艾萨克斯在会场里面的演讲嘉宾休息区等候。朱棣文不久就赶到现场，既充满渴望，又显得警惕。芝加哥市市长拉姆·伊曼纽尔第二个到场。这两人在奥巴马政府内阁会议期间建立的友情显而易见。艾萨克斯主动走过去，告诉伊曼纽尔，他非常荣幸为这座城市争取到了电池中心的机会。

伊曼纽尔回应道："不是你争取的。是我。"

伊曼纽尔并不像是在开玩笑。他似乎可以肯定，影响最终决定的不是阿贡的提案，而是他在白宫的人脉关系。至于实情，我们不得而知——也许伊曼纽尔在这个选择上发挥了关键作用。不过，现在这已经不重要了。

仪式结束后，艾萨克斯的副手彼得斯把张伯伦拉到一旁。他说："这是我个人职业生涯中最美好的时刻。"他停顿了许久，然后用一根手指指着张伯伦说："这是因为你。谢谢你！"张伯伦感到喜出望外。他回复说："彼此彼此，兄弟！"

艾萨克斯说，心里的石头终于落地了。如果阿贡这次失利，"它关系到每个人的利益，你猜谁要对此负责？"他笑着说，"我常常汗流浃背，但这就是竞争。"艾萨克斯需要确保张伯伦汇总所吸取的经验和教训，这样阿贡未来参与大型竞标项目时就会更加从容和胜券在握了。

五天后，艾萨克斯站在电池部全体人员和所有电池中心团队成员面前。他们齐聚在实验室的宾馆，享用美酒和餐前小菜。艾萨克斯点名感谢每位主要的功臣。据他介绍，阿贡在此前三个大型项目的竞标中失利后，比尔·马蒂亚说："这儿到底出了啥问题？"艾萨克斯说，马蒂亚不一定能找到我们存在的问题，"但是他的确找到了解决方案。"现场观众听完伊曼纽尔给自己记上功劳的故事哄堂大笑。

不久前，萨克雷在走廊遇到了艾萨克斯。主任看着这位电池天才，用手比画出"三个五规划"，然后走了出去。萨克雷会心地笑了。

第 41 章　交易

芝加哥大学的仪式闭幕后大概过了五小时，阿图尔·卡帕迪亚和苏吉特·库玛尔在帕罗奥图一间餐厅为 Envia 的员工举办年度假日聚会。这几天，两位高管一直在等通用汽车公司用电子邮件把合同发过来，但仍然没有收到邮件。双方谈了很长时间，但由于存在不确定性，两人甚至没有告诉公司的科学家他们似乎就要达成第一个许可协议了。即使他们觉得现在的信心更足，他们也不能透露任何信息，因为那可能影响通用汽车的股价。然而，消息还是在这家公司位于纽瓦克的实验室走漏出去了。因此，午餐期间弥漫着紧张的气氛。

三个月前，通用汽车的 CEO 丹·艾克森召开内部员工的闭门会议，了解 Envia 的逆袭成就：他说，只用了短短几年 Envia 就创造了一种突破性的电池，续航里程可达 100 英里。艾克森说："未来，我们有 50% 以上的几率能够开发一种续航里程为 200 英里的电动汽车。"这个行驶里程有望在 2016 年左右变成现实，"从而改变游戏的规则"。

艾克森相信，通用汽车和 Envia 将携手开创这个引领全球的领域。他说："这些小公司突然间冒出来，让你眼前一亮。"他没有提及正在紧张进行的许可授权谈判。但是，阿贡的萨克雷读到泄露出来的艾克森讲话后，怀疑他们正在酝酿什么计划。他说："我觉得 Envia 很快就会宣布一项交易——也许是一个订单？"

一个月后，卡帕迪亚负责通用汽车这家客户的副手哈里·艾耶尔开始在 Envia 高管人员中间发布合同草案的内容："供应商制造富锂层状复合型负极材料和硅碳正极材料，以用于高性能可充电电池单元。"

库玛尔回复 9 月 27 日的电子邮件时说："我赞成这个方案。"

合同草案的内容非常具体：Envia 将提供能量密度为 350 瓦时/千克的工作电池，该款电池可经受一千次充电、放电循环。合同的要求不是 400 瓦时/千克——当你将电池升级到真正用于汽车的电池组时，你在电池单元里实现的目标不可能在电池组中实现。然而，这仍然是一个巨大的挑战，因为库玛尔既要处理正极一侧的硅膨胀，又要解决负极直流电阻的老问题。截止日期是 2013 年 10 月。此后，

Envia 可以在 2014 年 8 月 15 日前不断调整，优化电池的性能。但是，这是最后的截止日期，在这以后库玛尔再也不能对电池进行任何更改。这个节点对通用汽车非常关键，因为一旦电池确定按时到位后，其他所有的截止日期都将生效，最终通用汽车将于 2016 年发布一款续航里程为 200 英里的电动汽车。正如合理要求能量密度为 350 瓦时/千克的电池一样，通用汽车并不追求库玛尔在奥兰多大会上所说的续航里程为 300 英里的电动汽车。

库玛尔在 10 月 25 日写给艾伊尔的邮件中说："我同意这个交付产品和时间的节点。"

虽然律师还在继续谈判，通用汽车却越来越焦急。除了续航里程为 200 英里的电动汽车（采用能量密度为 350 瓦时/千克的电池材料），通用汽车还必须将 Envia 其他科研成果用于 2015 型号年份的 Volt 上。因此，在合同签署之前，Envia 执意对其标志性的 ARPA-E 材料秘而不宣——这种材料价值太高，不能提前披露信息。这家初创公司几乎有义务阻止其他各方直接接触这种材料。尽管如此，通用汽车仍然希望库玛尔和卡帕迪亚向 LG 公司——通用汽车的电池单元制造商——介绍更低一级的 NMC 负极，该负极将用于 2015 年款的 Volt。

这个要求仍然比较特殊：供应商通常不会在没有签署合同的前提下开放专利发明。即使在谈判后期，交易也可能出现问题。然而，Envia 的代表答复说，鉴于双方的友好合作关系，他们可以满足这个要求。随后，Envia 披露了该公司 NMC 插电式混合动力版背后的秘密——这个配置可以将负极的成本降低 30%，达到 230 美元/千瓦时或 240 美元/千瓦时。这样，通用汽车能马上将 Volt 的价格降低 3000 美元到 4000 美元。

通用汽车和 Envia 继续讨论如何以及何时公布双方的交易。其中一个方案是让主要参与方参加在底特律市或纽瓦克市郊外举行的仪式。这符合库玛尔和卡帕迪亚的愿望。两人渴望将这个消息发布出去，因为经过宣传，本田汽车甚至丰田汽车都有可能和 Envia 签署后续的许可授权协议。然而，通用汽车担心这个交易的政治影响：共和党人仍然将 Volt 称为"奥巴马汽车"，并且将电动汽车打上由公众补贴的自由派精英玩具的烙印。通用汽车表示，他们会将这项交易的公布日期推迟到总统大选之后。

总统大选结束后，双方的律师仍在讨论协议的措辞，却不对外公布具体内容。不过，几周后他们似乎对一个可接受的版本达成了一致。有一点对 Envia 很关键：至少在未来四年里，该公司每季度将收到 200 万美元，一年就是 800 万美元。这足够支付公司的所有账单，即全部开支。除此之外，在汽车投产后该公司还能获得特许权使用费。这项交易的有效期为 18 年。根据实际销售的汽车数量，这项交易可能价值数亿美元。Envia 的董事会喜出望外。他们将新的股票期权授予了 25 位员工，其中大约 45% 给了由卡帕迪亚领导的三人商务团队。董事会还将哈里·艾伊尔晋升为副总裁。

然而，过了很久双方似乎还没有确定正式签字仪式的日期。由于时间紧迫，每一天都非常重要。所以，通用汽车将在该公司位于密歇根州沃伦市的办公室签署文件，然后以电子邮件的形式将该文件发给卡帕迪亚签字。

Envia 各位高管继续等待。

假日聚会结束后，卡帕迪亚开车离开现场，路上手机响了。通用汽车打来电话说：该公司的高管最后签署了交易文件。文件已用邮件发给他了。卡帕迪亚挂了电话。

Envia 原本计划召开一次例行会议。卡帕迪亚说，会议要推迟一会。他不想提前泄露秘密。

会议室里，卡帕迪亚面前放了一些文件。他介绍说，这是该公司的第一项许可授权交易，合作伙伴是通用汽车公司。“我就知道苏吉特会开发一项特殊的技术。他是一位特殊人才，”卡帕迪亚称赞道。要想将这款能量密度为 350 瓦时/千克的电池变成现实并且应用于电动汽车，库玛尔和他的团队还有大量的工作要做。但是，“唯一有机会抵达福地的公司正是 Envia，”卡帕迪亚表示。只有 Envia 才能改变世界。“我想说的是，这不是我本人的功劳。这是你们的功劳。我现在要代表各位签署这份协议。我想当着大家的面签字。”卡帕迪亚低下头，在文件上签下了自己的姓名首字母。

整个房间突然爆发了。三十多位科学家和工作人员呼喊尖叫。他们欢呼雀跃。在一些现场人员看来，喧闹的场景就像是两百人的狂欢。

现在，库玛尔直接和他的科学家对话了。“商务方面的同事完成了他们的使命。我从来没有见过如此兢兢业业的商务团队。接下来就看我们的了。我们肩负着重任，”他说，“我们责无旁贷。我们将不辱使命。电动汽车将用上我们的电池技术。无论还存在什么小问题，我们都要在未来的一年将之解决掉。”

几天后，库玛尔表示他对这份合同感到“非常高兴”。接下来几个月将“非常艰难”，他说，“我觉得这个计划表非常紧张。”此前，Envia 拿到过一些微不足道的订单，为纽扣电池生产小批量材料并且经受痛苦的考验。现在，他总算可以证明自己了。这家公司即将获得不菲的收入，它不再是一家冉冉升起的初创公司。Envia 的好运已经到来。

第 42 章　Envia 传来的消息

Envia 和通用汽车达成交易的第二天，库玛尔收到了通用汽车公司项目联络人达蒙·弗里希的邮件。弗里希将在两天后（周一）抵达纽瓦克。他会带自己的整个团队过来，并将立即开展工作。

他们的想法是以 2016 年的上市日期为起点，然后倒推。在接下来的两天里，弗里希、库玛尔和他们各自的团队将检查实验室流程的每个主要环节，为各个里程碑制作一份详细的日程表。20 个月后，这个时间表将为丹·艾克森许诺员工的电动汽车提供中枢神经系统。

由于大多数汽车没有给制造商带来高额利润，所以通用汽车认为这种苦心孤诣的规划至关重要。如果通用汽车要想从电动汽车上获得利润，那么能够让他们出错的空间微乎其微。库玛尔说，要达到所需的性能，他必须利用当前没有的设备，深入理解他的材料。他需要使用同步加速辐射或中子衍射设备，以深入研究电池的内部结构。只有国家实验室才拥有这种设备——阿贡、劳伦斯伯克利和橡树岭都有光束线。库玛尔需要使用光束线，他不能经过通常的 3～6 个月等候期，而是要尽快用上光束线。

如果通用汽车最终宣布这项交易，那将起到一定的作用。它能提高库玛尔的信誉，便于和国家实验室就光束线展开对话——要求获得特殊的帮助。他想，国家实验室考虑到这个项目的行业和企业背景应该给他全额资助。“我觉得这应该是一项国家任务，”库玛尔表示。国家实验室应该将 NMC 2.0 版和硅碳正极摆在优先位置。“他们为什么不参与一个涉及美国公司、对美国有利的项目呢?”他说。“他们为什么不分析我的材料，反而去发表很多很多充满科学幻想但无益于美国产业发展的论文呢?”

通用汽车和 Envia 的团队都赞同这个日程表。现在，库玛尔开始追求每个里程碑的目标。他认为，双方应该尽快公布这项交易，以便为他在国家实验室谈判时增加一些筹码。

卡帕迪亚估计这项交易最迟将于一月初公布。他认为双方将举办此前讨论过的公开仪式。白宫看到这款续航里程为200英里的电动汽车验证了奥巴马总统三年前制定的目标后，也有可能参与这场新闻发布会。那将有助于实施他的计划。库玛尔一边实施通用汽车的合同，一边推进一个让Envia投资者兑现的计划。目前似乎不适合IPO。所以出售公司又成为了更加明智的选择。潜在的美国买家仍然保持谨慎的态度，所以高盛将收购方案带到亚洲，将询问函发给了日本的旭化成、韩国的LG和三星等意向买家。这些公司必须要有一种紧迫感，即Envia随时可能被竞争对手收入囊中。与通用汽车的这项交易将有可能制造这种紧迫感。

但是，通用汽车再次答复说公告还要推迟。十二月的第一个星期有一个电子展，所以不适合发布这个消息。然后是底特律汽车展，时机也不理想。在此之后，Envia、LG和通用汽车将在底特律市参加一次头脑风暴活动。公告的日期又往后推到一月的第三个星期了。接下来是奥巴马总统第二个任期的就职仪式。这样一来，最早也得等到二月举办ARPA-E高峰会议的时候。由于Envia在上一次ARPA-E高峰会发布了公告，这个日子就显得意义非凡了。

虽然通用汽车没有宣布这个交易，但它也没有将计划表推后。交付工作电池的截止日期仍然铁打不动。“我感受到了压力，”库玛尔说。他必须寻找和招募一位结构负极科学家，一位和杰森·克洛伊一样熟悉光束线的专家。由于A123已经宣布破产，库玛尔认为他至少可以从这家公司的10位或15位科学家当中挖到几位合适的员工。他准备发布一则招聘广告，然后开始打电话。

ARPA-E高峰会议结束了，但仍然没有发布公告。不过，到二月底，哈里·艾伊尔收到了通用汽车的一封紧急邮件：该公司已经完成Envia能量密度为每千克400瓦小时的电池的初步测试。到目前为止，他们无法复制ARPA-E高峰会议上宣布的结果。采取补救措施后似乎也无济于事。Envia能否解释一下其中的原因呢？

在接下来的一周里，Envia和通用汽车团队召开了电话会议和面对面会议，通用汽车越来越担忧，不断地提出质询。这款电池无法复制出ARPA-E上宣布的结果。它应该达到400瓦时/千克的能量密度，但却没有达到，而且使用各种手段都无济于事。艾伊尔询问库玛尔，库玛尔对此不屑一顾。艾伊尔找到科研团队的成员。最后，他只好找卡帕迪亚。艾伊尔说：“也许我们向世界和通用汽车宣告的东西是假的。”

事实上，库玛尔的技术团队隐约了解通用汽车发现的问题。上一届ARPA-E高峰会议闭幕两周后，他们给Crane寄去了第二个电池，要求检验。Envia拿到的结果表明，电池证实了400瓦时/千克的声明，但在第二次循环才得以成功。此后，能量密度骤然下降。到第五次循环，能量密度降到了302。到第100次循环时，能量密度为267。第200次循环的能量密度是249，第342次循环（最后一次有记录的循环）的能量密度为232。最终，这个电池损失了42%的能量，而且没有表现出稳定的迹象。[1]然而，通用

[1] 源自于Crane的一份秘密报告，2012年6月28日。

汽车的团队似乎在前两次循环中都没能达到 400 瓦时/千克的性能。

一位科学家在解释电池的问题时告诉艾伊尔一个令人不安的信息。他说，Envia 在 ARPA-E 上宣称公司是能量密度为 400 瓦时/千克的电池的发明者，但其实不是。至少并非整个技术都是 Envia 的发明。NMC 负极是合法的——正如 Envia 所声明的那样，该公司将阿贡的这个电极优化成了一项顶尖产品。然而，硅碳正极并非如此。Envia 炫耀这个组件可以提升电池的整体性能，但它并不是 Envia 的发明。

一年前，Envia 的联合创始人迈克·辛库拉向卡帕迪亚表示，这个正极包含一家日本供应商生产的材料。当时，担任公司董事的材料科学家普内什·西格鲍尔认为这个话题无关紧要，所以卡帕迪亚也就将它搁置在一边。但是，现在通用汽车提出异议，他又听到另一位同事透露最新的信息，因此这次的意义就有所不同。他们再也不能忽视这个问题了。

艾伊尔再一次质询了库玛尔，库玛尔说他听到的信息不对——正极是 Envia 的发明。库玛尔正准备把这个正极运往国外进行处理，比如：化学气相沉积——电极必须经过的五道生产工艺当中的第一道工艺。这个正极将运往日本接受这道工艺处理。这是例行的操作。

这个解释说得通——Envia 创造这个高级电极时投入了很多精力。举个例子，假如一家外部供应商给通用汽车喷涂汽车，没人会质疑这辆汽车属于通用汽车的这一事实。电池正极也是同样的道理。库玛尔说，Envia 研发了这个正极的核心技术。

库玛尔说，目前最紧急的问题不是正极，而是通用汽车需要电池具备多高的电压。电压越高，两个电极之间穿梭的锂离子越多，汽车续航里程越长。这正是他们在 4.5 伏条件下激活 NMC 并且将其升级为 NMC 2.0 版的原因。然而，电压越高，材料承受的压力越大，导致阿贡的电池失败——这是电压衰减的起因所在。库玛尔希望远离压力上限。在 ARPA-E 高峰会议上，他尽力将电压推高到 4.3 伏，并在这个条件下成功完成了电池的 450 次循环。为满足通用汽车的规格，他必须将循环次数翻倍，即增加到 1000 次循环，不过库玛尔相信他能够实现这个目标。

但是，双方签署协议后，当通用汽车和 Envia 的工程师开会讨论下一步的工作时，通用汽车却坚持要求采用 4.4 伏的电压，这让库玛尔感到吃惊。虽然它只在原有基础上提高了十分之一的电压，但它会放大原子级的影响。在这个充电状态下，原子开始加速移动，负极不断随着锂离子的穿梭而膨胀和收缩，最终导致材料破碎。这时，构成负极的分子之间开始失去电接触。库玛尔最多可以在 300 次循环时达到要求，但这离他所需的 1000 次循环相距甚远。现在，他的团队不是要将电池寿命翻 1 倍，而是要翻 2 倍了。

卡帕迪亚仍然感到怀疑。2013 年 3 月 7 日，他向 Envia 董事会介绍公司第一大客户对这个标志性产品的不满和对这个正极的疑虑。他在电子邮件中说："通用汽车发现，ARPA-E 电池获得的数据和我们寄给他们用于测试、基于能量密度为400瓦时/千克的概念电池的证据之间存在重要和巨大的差异。”卡帕迪亚接着说，“在解决这些性能问题前，我们不应该进一步讨论任何新闻发布或签约仪式的事项。”

一周后，库玛尔和艾伊尔在一次会议上争得不可开交。库玛尔指责卡帕迪亚，认为他不应该用书面形式表达自己的顾虑，那样按照法律规定，这些顾虑将会“被人发现”——Envia在尽职调查过程中必须向任何的潜在买家提供这类内部通信资料。这火发得莫名其妙。艾伊尔说：“如果没有扭曲事实的话，你就不必担心阿图尔用书面形式表达这些问题了。”

库玛尔崩溃了，终于说出真相：在ARPA-E高峰会议上发布的一年后交付给通用汽车的电池所使用的正极并非送去日本维修。它是在日本采购的。艾伊尔听到的信息属实。这个正极的制造商是信越化学工业株式会社。

库玛尔接着说，制造正极只是第一步。由于采用的是硅材料，你必须在实验室里执行许多额外的流程才能将正极投入使用。这就需要处理、涂层、纳米加工。因此，他将这个正极视为Envia的发明。这好比阿贡的负极。因为Envia完成了这个正极的优化过程，所以库玛尔可以合法地称其为公司专利。

库玛尔要求艾伊尔劝说卡帕迪亚放弃对这个正极的指责。如果卡帕迪亚愿意这么做，库玛尔将向他道歉并与这位CEO达成和解。

库玛尔对事实的承认让人迷惑，当艾伊尔把情况转告卡帕迪亚时，他觉得这个解释完全难以理解。两年来，Envia高调宣传公司的硅材料。它之所以这样做，是想吸引潜在客户，特别是通用汽车，与会同行以及全球的目光。ARPA-E高峰会议上的公告只是最惹眼的版本而已。如今，你不禁会想究竟哪个说法才是事实。卡帕迪亚说，库玛尔搞错了。如果Envia说正极材料属于公司专利，它和通用汽车进行专利交易时就持有这种观点，那么它一定创造了这种材料。如果该材料是其他公司的产品，Envia有责任明确披露这个事实。显而易见，这个正极不属于Envia的知识产权。如果没有正极，Envia并不比其他竞争对手优秀。松下、三星、阿贡都是利用标准的石墨烯正极达到215瓦时/千克或220瓦时/千克的能量密度。假如库玛尔的NMC负极和石墨烯正极组合——由于未被激活，所以不会引发电压衰减——这种材料将不具有优越性，性能最多领先几个百分点。尽管存在矛盾的数据和怨言，卡帕迪亚自己一直都在支持这款电池，所以他也有责任。但是，现在他开始悬崖勒马：他说，Envia应该阐明真相，才能挽救与通用汽车的合作关系。

Envia的高管和董事会内部对于下一步措施争论不休。卡帕迪亚和艾伊尔坚持认为，董事会应该允许他们去通用汽车公司坦白真相。然而，Envia的董事命令他们装作若无其事的样子按部就班地工作。卡帕迪亚发现，西格鲍尔似乎不太在乎这个正极的来源，他更关心揭露真相后可能影响他的风险基金从这项投资中套现的机会。

三月底，通用汽车和 Envia 这两家公司共同举办了第一次季度评审会。通用汽车的代表团由该公司混合动力车项目的采购主管马萨斯·乔舒亚和混合动力车工程主管拉里·尼兹带队。通用汽车的代表直言不讳。不仅 Envia 在 ARPA-E 高峰会议上宣布的材料存在缺陷，而且库玛尔没有实现他的第一个里程碑目标——为 2015 版 Volt 汽车供应 100 公斤的 NMC 负极粉末。他们问库玛尔这是怎么回事。

库玛尔回答说，负极粉末的问题是暂时的。他遇到了“交叉污染问题”，并且可以兑现 Volt 的承诺。卡帕迪亚说后来回忆时说，通用汽车的代表“置之不理，(并且) 嘲笑库玛尔”。他们要求库玛尔再现他在 ARPA-E 高峰会议上宣布的结果。[⊖]库玛尔已经失去了他们的信任。现在两家公司不再和以前一样能够友好洽谈了。

至于库玛尔讲过的化学气相沉积故事，通用汽车的代表说，如果属实，他们想要看一下这个正极中所用材料的完整说明。

库玛尔将此前和艾伊尔坦白的真相复述了一遍。这样一来，库玛尔费尽心思编造的计划就此落空。之前，硅正极的性能受到吹捧，现在，它顶多是一种日美合作制造、尚未披露的缺陷产品。

通用汽车的代表得到了什么答案？对于这个看似欺诈的案例，旁人可能会愤慨不已。但是，从他们的角度来看，这种材料怎么能驱动一款可能关系到通用汽车未来发展的电动汽车呢？何况这还可能关乎他们自己的工作呢。如果库玛尔能够加快进度，实现 ARPA-E 高峰会议所宣布的性能，那么通用汽车就可以处理信越化学正极的事情，当然他们可能以一种迂回的方式来操作。

乔舒亚和尼兹给库玛尔一个季度的时间。究竟是谁发明了硅碳正极已经不再重要。现在数据才是关键问题。如果库玛尔能够实现他在高峰会议上所宣称的指标，一切都可以既往不咎。

有一点可以确定：这些细节和这个交易本身都将秘而不宣。尼兹表示，“下一个电池关系到（Envia 的）兴亡”。

卡帕迪亚肆无忌惮地透露这个正极的真相后，他在公司内部的关系变得极其紧张。他和库玛尔现在基本上不说话了。董事会要求他将自己的活动局限于出售公司和处理库玛尔老东家 NanoeXa 的官司。上一个月，NanoeXa 的 CEO 迈克尔·帕克起诉库玛尔，控告他盗用 NanoeXa 的知识产权制造 Envia 的负极。卡帕迪亚说这是一起因相邻侵害所生的诉讼。

库玛尔继续寻找并购的机会，为投资者和员工迎接“发薪日”。他说，七月将是“一个分水岭”，因为届时 Envia 必须选择一位新的“主人”。

高盛带回的消息让人沮丧——迄今为止，没有公司愿意收购 Envia。LG 和三星

⊖ 卡帕迪亚诉讼案，第 31 页。

几乎立即婉拒了收购的邀请。最有可能的买家旭化成也拒绝了邀请。问题可能出在有关 Envia 的电池性能不佳的传闻上。另一个问题是电动汽车的一大通病：以前大公司可能愿意在电动汽车领域搏一搏，现在汽车销量低迷，所以它们的意愿开始减弱了。

库玛尔还有三个月的宽限期。

第 43 章　造访阿贡的贵客

在 Envia 的事件不断发酵时，美国总统奥巴马准备参观阿贡国家实验室。这个计划宣布后，林恩·特雷西对盖拉格说："我打算想个办法见见他。"

"噢，是吗？"盖拉格说。"我也能见到他吗？"他猜想特雷西是在吹牛。但是，当天晚上她就给阿贡的公共关系主管马特·霍华德发了一封电子邮件。邮件的主题是"我想做志愿者"。特雷西在邮件里写道：

下周你让我和奥巴马待多久都行。我知道，我知道，我很无私。我想他会乐意见到我的！我百分百有空。

霍华德的答复是："好处"。

特雷西罗列了一些让她接待奥巴马的理由。

我是这个男人圈里的一位女性。他有女儿，所以在 STEM（科学、技术、工程、数学）领域看见女性对他非常重要。如果阿贡是清一色的男人帮，我们就要遇到大麻烦了。

我在电池中心。

我会用"好处"敲诈你。

我个儿不高，这样拍照时正好衬托他的高大威猛。

"理由都很充分，"霍华德回复说。"发一份简历和一张照片给我，"他接着说："但是我不打包票。"

盖拉格也收到霍华德发来的邮件。艾萨克斯同意让特雷西和盖拉格参加奥巴马的接待活动。他们将在奥巴马穿越办公大楼时用两三分钟快速地介绍一下实验室的电池研发工作。

艾萨克斯还加上了萨克雷的名字，这是合乎情理的。唯一的问题是萨克雷现在在巴塞罗那参加一个全球电池行业的活动。

两个月前，他接受了脾脏切除手术。完全康复之后，他和丽萨以及三个已经成年的女儿飞到了西班牙。他准备和家人在巴塞罗那和伦敦旅游度假。萨克雷的肚子更平了，笑容也更灿烂了。在疗养院，他的旁边站着几个女儿，看着全球电池科研人才逐一登场，回顾他的成就和情谊。现年 90 岁的古迪纳夫由于正在照顾生病的妻子，无法参加这次活动，但他为这个研讨会写了一篇序言。

轮到萨克雷上台了。他想要说明一点，这不是他自己的退休派对。他说："你们还不能把我撂下。"他的声音哽噎了，接着说了几句，就和张伯伦一起坐飞机返回芝加哥了。他的家人继续前往伦敦度假。但他想要回去接待奥巴马。

阿贡正式启动接待总统的准备工作。连续三天，特雷西和盖拉格不断和假扮的奥巴马排练，首先是从艾萨克斯的演讲稿撰写人伊丽莎白·奥斯汀开始。他俩不断熟悉站立的地点、说话的内容、说话的方式。接着，白宫的先遣队来到阿贡，再一次让特雷西和盖拉格排练了一遍台词。

这天上午，奥巴马总统在克拉伯特里的陪同下穿过阿贡国家实验室，走到两位正在等候的年轻科学家前。奥巴马问："他们是这里的青年才俊吧？"克拉伯特里说："正是。"特雷西的金黄色头发自然下垂。她和盖拉格都穿着休闲的卡其裤。两人分别和总统握手，然后盖拉格领路。他指着 Volt 的专用电池说"这是阿贡的发明"，并且直接引用克拉伯特里的电池中心概况介绍了"三个五规划"。盖拉格说，要实现电池中心所规划的科技突破，"你们需要我这样的工程师与像林恩·特雷西这样的材料科学家和化学家携手合作。"

特雷西顺着他的思路，接着说："我的工作是探索科学。"她一边介绍化学原理，一边递给奥巴马一枚硬币电池。然后，她又拿起一个由多彩塑料珠子组成的原子级 Li_2MnO_3 模型。他们闲聊了一会。然后，奥巴马离开了。

几分钟后，总统站在"光束"附近，对一小批兴奋不已的观众发表讲话。他重复介绍了全球能源竞赛的话题，然后宣布了能源研究领域的一项新的长期资助计划。他说："我希望未来创造就业的科技突破，无论是能源、纳米技术还是生物工程……都在这里，在美国诞生。"

这是为原本不可能诞生的发明提供支持。奥巴马说："20 年前，迈克·萨克雷率领阿贡的一批科学家，他今天也在场。迈克在哪儿？"

萨克雷缓缓地站起来，一脸茫然的表情。

"他在这儿，"奥巴马一边介绍，一边凝视着萨克雷。"迈克启动了汽车专用可充电锂离子电池的研发工作。当时一些人说这个想法不值得尝试。他们说，即使你掌握了这项技术，汽车的成本也会太高。而且它的行驶里程有限。但是，迈克和他的团队胸有成竹。"接下来，他讲述了 NMC 和 Volt 的故事。这时，萨克雷坐回到位子上，仍然面无表情。

奥巴马最后表示："我们不会故步自封，我们放眼长远。我们不断发明，不断创造，不断将新的创意演变成新的行业。我们改变美国乃至全世界人民的生活方式。正因为如此，我们将人类送上了月球，我们发明了互联网。如果有人对我们说我们不行，我们的答复是，'我们一定行'。"

虽然这听起来有点矫揉造作，但观众一片欢欣鼓舞。

事后，特雷西两颊泛红地说："他离得这么近。这么近。"

盖拉格也说："我感到无比兴奋。这是一次奇妙的经历。"

第 44 章　第二次季度评审会

库玛尔说，他的团队正在努力满足通用汽车公司的规格要求，简直是“如痴如狂”。他说，这家汽车巨头的目标是在生产过程初期阶段排除开发风险，这样到2014 年 8 月以后，它的唯一挑战只有设计这款汽车的其余结构，然后销售给意志坚强的大众消费者。不过，“我们似乎许诺过度了，”库玛尔表示。“我从来没有匆忙组队过。那样必然导致灾难。”他想，他可能达到 310 瓦时/千克或者 315 瓦时/千克的目标。为此，他要将 Volt 阴极的材料和自己在 ARPA-E 高峰会上宣布的材料混合起来。如果通用汽车想要那样做，他可以在 Volt 2016 年上市前准备好系统。但是，如果通用汽车提出更高的要求，比如 350 瓦时/千克的承诺目标，那得“再花六个月到一年的时间”，库玛尔预测道。在 4.4 伏的更高条件下，电池仍然只能循环 300 次。换句话说，这款电池还不能大规模上市。

他打算再找机会和通用汽车提高交易的条件。库玛尔对 Envia 的总体前景仍然表示乐观。收获只是时间问题。他说：“今年我们很有可能会被人收购。”

七月，通用汽车和 Envia 共同召开第二次季度评审会。库玛尔又一次没能实现 Volt 和 200 英里汽车电池的阶段性目标。他还是没有让 400 瓦时/千克的材料达到此前宣传的性能。ARPA-E 高峰会已经过了很久。

通用汽车的与会代表非常愤怒。这家汽车制造商的采购主管马萨斯·乔舒亚说：“这款阳极不是 Envia 的产品。”Envia“歪曲了这个材料的事实”。工程主管拉里·尼兹说，Envia“在本季度的成绩不合格”。这次会议不欢而散。

两周后，也就是 8 月 7 日，Envia 收到乔舒亚发来的信函。Envia 在签约前的产品声明“似乎不够准确，具有误导性，”他在信中写道。Envia 声称这个阳极是专利产品，但其实它是“从第三方”购买而来。

“Envia 承认歪曲 400 瓦时/千克原型电池的组成结构、来源和知识产权内容后，要求通用汽车提供额外的时间，以便 Envia 复制 400 瓦时/千克测试的结果……”

通用汽车给 Envia 提供了额外时间。但是，他接着写道：

Envia 未能按照有望与汽车开发进度一直的时间表推进这个项目或者复制测试结果。事实上，Envia 甚至不能利用据称在 ARPA-E 测试电池里使用过的第三方阳极复制此前宣布的测试结果。[㊀]

乔舒亚认为，即使库玛尔未来以某种方式实现所承诺的规格，即使他未来能够复制 ARPA-E 的结果，通用汽车对于这款电池能否按时于 2016 年上市，仍然缺乏合理的信心。他没有提到通用汽车是否留有退路。这封信也没有提到库玛尔个人的建议：通用汽车在过渡阶段采用 310 瓦时/千克或 315 瓦时/千克的电池。与此相反，乔舒亚在信中写道，基于上述事实，这家汽车巨头有权终止双方的合同。为此，该公司正在开展一项内部评审——“以便重新评估它与 Envia 的商业关系。”评审结束后，通用汽车将通知 Envia。

这项交易正在濒临瓦解。通用汽车表示，它希望拿回此前支付的 400 万美元。Envia 内部也是一团糟：双方签订合同后仅仅过了八个月，库玛尔、卡帕迪亚以及董事会主要成员开始互相“掐架”。这家初创企业的银行账户上只剩下 210 万美元，这还不到四个月的运营费用。

2013 年 8 月 29 日，卡帕迪亚和艾伊尔坐上红眼航班，飞往底特律。他们希望挽回剩余的商业信誉。

第二天，在通用汽车公司位于底特律附近的沃伦市的办公室里，他俩见到了“显然应该愤怒”的乔舒亚和尼兹。卡帕迪亚试图唤起对方的正义感。Envia 犯过错误，但是，如果这家初创企业倒下了，“Envia 兢兢业业的科学家有可能受到严重的影响”，两家公司应该努力“减轻潜在的就业和移民风险”，卡帕迪亚说。通用汽车的同仁听完这番话后表示，双方没有回头路可走了，这家汽车制造商准备放弃 400 瓦时/千克材料的许可权。不过，他们不愿意看到更加严重的后果。Envia 不用退还通用汽车已经支付的现金。他们还签订了一份法律豁免协议——通用汽车将放弃诉讼权。通用汽车只能做这么多了。

卡帕迪亚和艾伊尔飞回加州，如释重负。他们至少没有惹上官司。他们也不用想方设法筹集那 400 万美元的现金。

抵达加州的第二天，两人向公司董事会汇报。董事会得知官司的警报已经解除，立即开除卡帕迪亚、艾伊尔和公司的首席财务官罗西特·阿罗拉。[㊁]

来自 Pangaea Ventures 的投资者普内什·西格鲍尔接任了卡帕迪亚的职务。与艾伊尔和阿罗拉会谈时，西格鲍尔表示，这个商业团队“在和通用汽车洽谈合作协议时表现糟糕”。“这份协议的阶段性目标非常苛刻，……世界上恐怕没有公司能够达到那些目标，”他坦言。当然，没人提到这个事实：九个月前，团队的三位

㊀ 源自于 Crane 的一份秘密报告，2012 年 6 月 28 日。

㊁ 卡帕迪亚诉讼案，第 31 页。

成员都因为谈成这项交易而获得股票期权和晋升。

西格鲍尔要求库玛尔回归实验室，执行最新的行军令——他不得公开发表任何声明。除通用汽车、Envia及其董事会以外，其他人——当然也包括美国能源部和记者——无法得知那些质疑这家位于纽瓦克的小型初创企业的声音一直都是对的。

第 45 章 “暗箱操作”

库玛尔将这个混乱的局面归咎于他的第一位投资人卡帕迪亚，不过，两人此前的合作看起来一直非常顺利。现在他却说，在这个谈判过程中，卡帕迪亚和艾伊尔都在搞“暗箱操作”。在 Envia 内部，他们，而且只有他们才了解双方交易的细节。这个商业团队迫使 Envia 追求不切实际的阶段性目标，迫使库玛尔同意一份无法实现的时间表。同样，这家初创企业的 IPO 机会也白白浪费了。

卡帕迪亚的团队包括“我们从来都不需要的多余人员”，库玛尔双手插在胸前说。他们这些人“无拘无束，游手好闲”，对“坏结果”负有责任。同时，卡帕迪亚总是站在聚光灯下。“我们取得一项成就后，你会在 CNBC 上看到这位 CEO。我们遇到麻烦后，你就会责怪技术人员，”库玛尔说。“他们享受特权，我们受人指责。情况总是这样。”

他接着说，幸运的是，公司董事会明白事理，和他站在一边：“我有一个非常优秀的董事会。（现在）他们走了，我可以重新回去研究我的技术。”

通用汽车乔舒亚写的信以及他们关于 Envia 歪曲事实的声明又怎么解释？

“通用汽车是一家大公司，”库玛尔说：“即使你看到一个人说坏话，你还会看到二十个人说好话。”

库玛尔的解释完全站不住脚。电子邮件记录显示，他本人批准了那份协议的技术承诺和时间表。他谈到“承诺过度”的问题，这家公司确实如此。不过，他主导了公司的决策过程。所有人都渴望达成这项交易，同时对过多的自我吹嘘又感到内疚。然而，库玛尔作为公司的创始人和阿贡产品目录上 NMC 的发现者，是唯一知道公司实力的高管。卡帕迪亚和艾伊尔无法提供专家意见，只能和他确认时间表上的日期和材料方面的承诺。库玛尔的判断为后续一切行为提供了依据。

库玛尔是骗子吗？他准备在被人拆穿前套现脱身吗？自从库玛尔开始吹嘘他的重大突破时，阿贡的员工就都持怀疑态度，但对于这两个问题他们也不能确定答案。萨克雷说，库玛尔不是骗子，但面对添油加醋、扭曲事实的诱惑，电池科研人员必须“能够明辨是非”。库玛尔显然没有坚持住这个底线。张伯伦说，上梁不正下梁歪，真相因此被掩盖，但是，如果要他选出一个过失更大的人，他会责怪卡帕迪亚，而不是库玛尔。他认为，卡帕迪亚的确搞了“暗箱操作”，一方面趾高气扬，另一方面却不提供支持性的数据，并且还要求一家大型美国企业收购他的初创企业。如果你问盖拉格对这件事的感受，他不会真正作答。他只是神情沮丧。“我跟你说过的，”他的表情传递出这个信息。Envia 愚弄了很多很多人，他们本应了解更多信息的。盖拉格说：“那些让这种狂热变得不可阻挡的人怎么了？是不是某种白日梦？”

在 ARPA-E 高峰会上，库玛尔和卡帕迪亚召开过一次小型的新闻发布会，期间他们展示了一张含有 Crane 首次检测结果的幻灯片。任何记者只要足够了解循环测试，都能看懂这张幻灯片，然后讲述 Envia 阴极这个让人扫兴的事实。然而，似乎没有人发现其中的问题，加上库玛尔或者卡帕迪亚没有让人注意能量密度急剧下滑的事实，这个问题没有被公之于众。同一天，Envia 发布了一篇关于该公司 400 瓦时/千克的突破性成果的新闻稿。这篇公告完全删除了 Crane 的报告，也略去了能量密度急剧下滑的描述。于是，库玛尔从最初疏忽的过错升级成为明显的欺骗。相反，Envia 在公告中展示了根本不属于 Crane 评测报告的图表。Envia 通过这些图表描述这款阳极时表示，这个阳极经过 300 次循环后仍然能够以 91% 的容量工作。这个数据非常惹人注目。这张图表之所以具有欺骗性，不仅是因为它展示的数据并非在 Crane 的报告中，还因为它认为电池总体上能够保持相对稳定。

这张图表的窍门在于它用容量的指标替代了 Crane 测量的能量密度。容量这个指标用于衡量电池组单次放电时的电子流量。即使电池组的能量密度急剧下滑，电池的容量也可以连续多个循环维持不变。当初萨克雷和约翰逊兜售他们的 NMC 2.0 版发明时正是受到容量这个概念的欺骗。在每个循环，单个电子的能量——本质上是指电压的测量值——都会不断减少。这是描述“电压衰减”的另一种方式。到第 300 个循环时，Envia 的电池能量为初始值的 60%，并且开始下降，这与登记的 91% 容量值相差甚远。㊀

在 20 个月的期间里，自从 ARPA-E 高峰会到与通用汽车公司关系恶化后公布 Crane 的报告，Envia 发布的详细图表只会描述电池的容量。这会让人一直觉得这款电池连续几百个循环都能达到 400 瓦时/千克的能量密度。库玛尔一次又一次地制造一种假象：即使能量密度出现问题，电池仍然可以正常运行。直到 Envia 和通用汽车发生争执的新闻在互联网上传开后，库玛尔才更改公司的网址，撤销容量的图表，并且贴出 Crane 的第二份报告。他从来没有公布 Crane 第一份完整的报告——他在 ARPA-E 高峰会发布的声明正是以 Crane 的第一份报告为基础。

然而，这并非故事的全景。库玛尔还有不为人知的一面，如果你观察得更加

㊀ 源自于卡帕迪亚的“公司介绍”，2012 年 2 月 23 日。

全面，你会发现他的行为并不像一个纯粹的骗局。他对杰森·克洛伊的求贤若渴不像是骗子的作为。他对美国的国家实验室感到失望，这也不像是骗子的反应。库玛尔真正希望他能将阿贡的材料融入一款畅销的新电池，推动电动汽车行业的发展。历史上充满了意志坚定但却好高骛远的企业家。库玛尔也在追求一个好高骛远的目标。在前进的路上，他知道自己越陷越深，但是他发布过太多的公开或私下声明。如果他能够把持住，他或许能够实现自己的目标。最后，事情即将败露时，他仍然希望一切峰回路转。即使他无法复制 400 瓦时/千克的超级电池，甚至不能复制 350 瓦时/千克的版本，也许通用汽车会接受一款更低级别的电池。

对于卡帕迪亚来说，他声称自己一直都被蒙在鼓里，但他显然在说谎。卡帕迪亚知道 Crane 的检测结果，他本人就曾向记者透露过那些结果。他准备接受这个欺骗性的阳极：在与通用汽车的关系出现危机时，他至少两次提交辞职信，但都没有成功。尽管电池存在性能缺陷，阳极也是交换而来，并且丢了通用汽车的合同，他的团队仍然想要留下来，但没有如愿。

Envia 董事会几乎全部是由投资人和管理者组成。由于个人的利益关系，他们愿意保持缄默，同时希望库玛尔能够想办法获得成功。这样，他们就能借机套现。他们确实是这么做的。

盖拉格曾经间接暗示过，通用汽车对 Envia 的这股狂热起了推波助澜的作用。通用汽车的 VC 和技术部门不顾工程师的建议，坚持认为他们对 Envia 的硬币电池所做的长期的、艰难的检查足以预防产品风险。但事实并非如此。这家汽车巨头大概得到了 Crane 报告的结论，所以认为库玛尔只需要 20 个月就能解决这些困扰全球顶尖实验室的电化学难题。这种厚望令 Envia 难以承受。

ARPA-E 的主任阿伦·马居姆达喜欢炫耀，他在向业界和世界称赞这家初创企业后就转投谷歌了。2013 年年初，他加入了 Envia 的董事会。整个计划出现变故后，马居姆达表示将 Envia 的产品应用到商业化汽车的努力时机还不成熟。“Envia 在产品方面还没有做好充分的准备。事实证明如此，”他说。

至于在双方的关系出现裂痕后，劳克纳和通用汽车其他人为什么选择默不作声并且维持和 Envia 的表面关系，原因也很好理解。如果宣告合作计划失败，通用汽车得不到什么好处。这个消息既可能影响 Volt 的口碑，也可能败坏通用汽车在开发新技术方面的声誉。华尔街可能打压公司的股价。在政治方面，双方关系的破裂也可能造成尴尬的局面，共和党会让通用汽车和奥巴马政府难堪，因为他们把纳税人几百万美元的资金浪费在清洁能源领域毫无成效的尝试上。

中日韩等国仍然在努力“比赛”。这场竞赛仍然关系重大。因此，即使出现歪曲事实、夸大其词、要小手段，甚至欺骗的情况，通用汽车公司还是觉得有必要让库玛尔重返实验室。他是一位科学家。长远来看，未来某个时候说不定会发生奇迹——库玛尔或许大获成功呢。

几周过后，阿图尔·卡帕迪亚和他的两位助理请求 Envia 董事会发布一篇简报，以说明他们是由于公司战略改变而离职并且感谢他们对公司的贡献。他们附上一份 52 页的民事诉讼文件，意思是说，如果 Envia 认为这种澄清不太合适，他们打算向加州的阿拉米达县法院提起诉讼，起诉 Envia 和库玛尔本人。他们的指控包括欺诈、违规终止合同以及对他们试图纠有关正阳极的错误陈述而加以报复。结果，Envia 应对迟缓，他们最终提起了诉讼，导致此前六年的公司机密有许多被泄露。这是 Envia 犯下的另一大失误。该公司企图掩盖最后一年艰难困苦的努力化为泡影。

卡帕迪亚的诉讼案广泛借鉴了前一年 NanoeXa 对 Envia 提起的法律诉讼。库玛尔和他的联合创始人迈克·辛库拉曾在 NanoeXa 共事过，后来两人离职并创立 Envia。综合来看，这两个案子都指控 Envia 声称拥有专利技术，但其实它几乎完全依赖于从 NanoeXa 和信越化学工业窃取或挪用的知识产权。关于阴极，两个案件根据一位私家法庭调查员的调查结果，指控库玛尔曾从 NanoeXa 的计算机上秘密下载 99 份文件，其中许多文件是他在最后几天、甚至几个小时里突击下载的。这些案子指出，如果没有这些文件，就没有后来的 Envia。Envia 断然否认了 NanoeXa 的指控。正在这时，卡帕迪亚的妻子癌症复发，他和其他两位 Envia 前高管放弃了这起诉讼。[一]

[一] 参见附录 B。

第 46 章　重回“赛场”

阿贡获得能源中心的主办权后，张伯伦几乎连思考如何庆功的时间都没有。能源部执意要他们提交一份全新修改的能源中心预算方案——越快越好。他回想起三年前。那时，他第一次提议开展一个与贝尔实验室相似规模的研究项目。过去的情境一幕幕重现在眼前——特别是 En-Caesar 这个电池界的 Sematech（半导体制造联盟）。他想起向奥巴马竞选团队的陈述。他仿佛回到了 Cabot 实业公司，在那里，他积累了私有行业的早期经验。他一离开这家初创企业，就进入阿贡的知识产权部门“游手好闲”了几年。

接下来几个月里，张伯伦得知，正如美国的计划遭到挫折一样，万钢部长也调整了自己的期望和方向。中国的车主对电动汽车的接受速度仍然比美国人慢些——未来一年，中国道路上 4 万辆电动汽车当中大概 80% 将是公交车和出租车。万钢部长说，中国将在 2020 年以前完全取消每辆电动汽车 1 万美元的补贴。同时，政府将向企业的研究实验室提供资金支持。

中国一位高级官员吴锋（音译）曾于 2013 年年底访问了阿贡国家实验室。他说，万钢部长加入电池竞赛时还是一位电动汽车专家。中国的电池科研人员提醒他说，能源储存的计划“难以实施”。但是，他和其他汽车专家没有太在意。“他们把它想象得很容易。”现在，万钢部长意识到“还要很长时间才能实现目标”。虽然中国仍在参加竞赛。但他已经明白一点：中国可能不会马上胜出。

美国团队的一些成员也感同身受。美国能源部的官员彼得·法盖伊曾经下令尽快攻克“电压衰减”的难题，如今，正准备解散当时的团队。有朝一日，他们能否解决“电压衰减”问题，完全激活 NMC 2.0 版呢？也许吧，法盖伊说。他不反对其他人再度尝试。但是，“电压衰减”这个课题让他不再相信单凭烧钱就能解决问题。“希望一线科研人员灵光一闪就能解决问题，这个想法不切实际，不可能成功，”法盖伊说。“这种问题非常棘手，极难解决。”

一些人甚至说，这场电池竞赛从一开始就被误解了。经济和技术上的希望与偶然让许多国家追逐一个虚幻的奖品，然后这个奖品又在他们手中消失了。如果需要更好的电池和电动汽车，他们会蜂拥而至，在全球范围内分享红利，但却没有哪个国家能够胜出。当然，这个时机还没有到来。

唐·西勒布朗德表示反对。一些政府以爱国主义精神为出发点，制定了具体和合理的目标。在这些政府的支持下，一批非常优秀的科学家踏上一条更快、更好的技术研发道路，借助几乎神奇的力量攻克当今最艰难的经济、政治、环境问题。然而，如果成功的希望和收益巨大，你不仅能召集那些可能解决问题的人——空想家，还能引来“富有魅力的盗贼、骗子，他们会玩些伎俩骗人。”但是，西勒布朗德预言，能源中心有望发明一种突破性的全新电池化合物。这关系到生存问题。该中心的科学家知道“如果他们办不到这点，他们就会惹上麻烦。”具体来说，张伯伦的“前途将面临极大的风险，他明白这个”。

战斗指挥室关闭后，张伯伦搬进200号大楼一套新铺上地毯的现代化办公室。他的新职务是能源中心发展与论证副主任。这表明他要负责按照“三个五规划”的标准交付此前承诺的原型。他说，他“完全相信”自己能够达成目标，为美国制造业树立新的典范。它将成为贝尔实验室2.0版。他说：“我希望5~10年后有机会到全国巡讲，然后说，‘想当年，我们就是这样成功的’。”

他看着电动汽车安静地向前发展。Volt当然是一款开拓性的汽车，但埃隆·马斯克更胜一筹——毋庸置疑，他让电动汽车变得很酷。作为特斯拉的创始人，他现在已经成为硅谷最著名的技术专家之一。

临近2014年年底，一场小型的竞争突然爆发：马斯克和通用汽车公司比赛谁先制造出续航里程为200英里的电动汽车。他没有明说他在和通用汽车竞争——在他眼里，那简直是在贬低人。多年来，他一直誓言要在2020年前生产一款面向大众市场的电动汽车。现在，他表示他将在2017年实现这个承诺。他说，这款汽车名为Model 3，售价在35000美元左右。基于这个事实——售价，马斯克直接进入了通用汽车的势力范围。

乔恩·劳克纳仍然对Envia的失败感到难过，他没有透露通用汽车发布200英里电动汽车的时间，但是这家汽车巨头不会轻易放弃它的市场。考虑到马斯克才华横溢，精于风格设计和市场营销，通用汽车不希望与马斯克发生直接竞争。不过，两家公司可能难免一拼。如果马斯克在2017年推出Model 3，通用汽车不得不在同一年，甚至提前发布新款车型，参与竞争。

其中的利害关系显而易见。顶级的电动汽车包括Volt，Leaf和马斯克的Model S，每月的销量都在2000~3000辆之间。然而，宝马3系每月的销量大约有40000辆，所以，马斯克将这款汽油驱动的入门级奢侈汽车视为他的真正竞争对手。虽然它们的价格稍微高于普通汽车，但是按照这个销售速度，互相竞争的通用汽车和特斯拉们有可能把电动汽车推向广阔的消费市场。它们可能不再属于小众市场。届时，奥巴马100万辆电动汽车上路的目标有望实现。马斯克就是这么说的——到2020年，他一家公司每年就能销售50万辆电动汽车。

作为通用汽车的锂离子电池供应商，LG 化学在这场竞赛中发挥了一定的作用。在一次盈利报告会上，该公司一位高管在没有任何提示的情况下突然表示，公司将于 2016 年投产 200 英里的电池。[㊀]他没有说明 LG 为哪家客户生产这款电池，但这次表态似乎进一步表明，通用汽车和马斯克即将展开一场“战斗”。

各项工作已经准备就绪。特斯拉和通用汽车将重新研发最新一代的电池技术，减轻各自车型的重量。能源中心成立之后，就有开拓电池新领域的一线希望。

张伯伦说，能源中心不会预先假设答案，而是深入探索物理学。借助这幅原子化学的路线图，美国或许能够赢得这场竞赛。

㊀ 《LG 化学将于 2016 年向 200 英里电动汽车供应电池——CFO》（*LG Chem to Supply Batteries for 200-Mile Electric Cars in 2016——CFO*），路透社，2014 年 7 月 18 日，http：//www. reuters. com/article/2014/07/18/lg-chembatteries-idUSL4N0PT25U20140718.

致谢

当我开始考虑写一本关于电池的书时，我的朋友和顾问几乎做出了一致的反应：想都别想。那是一件吃力不讨好的事。当然也有例外，美国阿贡国家实验室的几位朋友似乎马上理解我的兴趣。他们是杰夫·张伯伦、安吉拉·哈丁以及唐·西勒布朗德。我想特别感谢张伯伦，如果没有他的支持，本书不可能问世。允许一个带着磁带录音机的陌生人进入一个高度戒备的环境可不是一桩小事。然而，我最终还是有机会在阿贡的电池部待了两年的时间，有时我会待上几天，有一次甚至待了两个月。张伯伦给我开了"绿灯"，让我在电池部自由行动，而且他还劝说实验室其他同事保持放松。他们同意我做一位局外的旁观者，这正好合了我的心愿。我很感激阿贡当时的主任埃里克·艾萨克斯和美国能源部的大卫·桑达罗的支持，艾萨克斯向我颁发了许可，桑达罗为我及时向艾萨克斯致电，最终才让我的写作计划如愿进行。我还要感谢苏吉特·库玛尔和阿图尔·卡帕迪亚，他俩欣然允许我观察和记录 Envia 这家成功的电池初创企业的发展历程。

我想感谢 New America 基金会用一个为期三年的研究员职位给予本人和本书的支持。New America 是一个独特的公共政策研究机构，它凭借文学和思想的独到见解，不断创造出新的杰作。具体而言，我想感谢史蒂夫·科尔、安德烈斯·马丁内兹、瑞秋·怀特以及安妮-马莉·斯洛特。我特别想感谢 Quartz 的主编凯文·德拉尼。他掌管着互联网上最好的数字媒体，不仅温文尔雅，而且理解我关注的焦点。在 Quartz 成立后的前 14 个月里，凯文给我批了大概 10 个月的兼职或全职写作假期。当然，他是我遇到过的最慷慨大方的老板。我还要感谢大卫·布兰德利，他既是传媒大亨，又是"好好先生"。吉姆·莱文是出版界最值得信赖的经纪人和朋友，我对他的感激之情无以言表。吉姆三次阅读我的手稿并给予评价。感谢里克·科特悦纳本书，感谢梅拉尼提供机智和细致的建议与编辑以及热情——她是一位很棒的朋友。此外，我要感谢维京出版社（Viking）的本·佩特龙和莎拉·珍妮特所做的杰出工作。苏姗·格拉瑟委托我为《外交政策》杂志撰写一篇文章，查理·霍曼斯对该文进行了编辑，那篇文章促成了本书。我的研究助理和转录员艾莉森·莱特认真听写了数百小时的访谈，检查了听写稿，并且对内容提供了合理的建议。我想向诺尔·格林伍德特别致谢。诺尔是我前两本著作的编辑，这次又愿意担任本书的编辑。在本书的出版过程中，诺尔一直在接受癌症治疗。最后，他决定放弃治疗。在他去世前一周，我专门看望了他，我们为本书制定了路线图，后来我完全按照这个路线图进行写作。谢谢你，诺尔。

我非常感谢 MIT 的比利·伍德福德，他阅读本书手稿三遍，然后在科学和技术方面给出了宝贵的纠正、调整和建议。克里斯蒂安·卡里尔、康斯坦丁·卡卡耶斯、克里斯·里奥纳德、沙龙·莫沙维以及克里斯怀特都阅读了本书的手稿，纠正了许多谬误，并在风格方面提供了重要的建议。

特别感谢那些向我耐心解释电池、技术、大地缘政治以及阿贡的科学和历史的人（如果因本人粗心大意而遗漏任何一位的姓名，我预先在此致歉）：卡哈尔·阿曼、杰森·克洛伊、凯文·盖拉格、唐·西勒布朗德、迈克·萨克雷、林恩·特雷西以及布拉德·乌尔里克。还有丹尼尔·亚伯拉罕、拉尔芙·布罗德、艾米丽奥·布内尔、汤尼·布雷尔、蒋业明、乔治·克拉布特里、杰夫·达恩、康孙赫、克里斯·约翰逊、皮特·里特尔伍德、鲍尔·尼尔森、马克·彼得斯、文卡特·斯里尼瓦桑以及杰克·弗盖伊。此外，阿里·阿卜弋姆拉尼、伊丽莎白·奥斯汀、玛利·巴拉苏布拉曼尼、伊利阿斯·贝尔哈洛克、马丁·贝特格、本杰明·布莱斯兹克、特里·布雷、丽塔·布尔左夫斯基、陈宗海（音译）、霍利·科格希尔、拉里·柯蒂斯、比尔·大卫、丹尼斯·迪斯、卡洛琳·艾德蒙森、丹·弗洛里斯、沙龙·吉卜林、格里·亨里克森、马特·霍华德、金东函（音译）、格雷格·克鲁姆迪克、陆俊（音译）、尼纳德·马科维克、维拉斯·珀尔、任阳（音译）、戴夫·施罗德、迈克·斯雷特以及辛西娅·苏利文。

感谢汤姆·德·瓦尔、萨拜恩·盖拉格、吉迪恩·利奇菲尔德、山姆·帕藤、贝基·沙福尔、费斯·史密斯、丽萨·萨克雷、埃里克·维纳以及乔治娜·威尔逊给予的各种支持。

最后，我想感谢我的家人：阿丽莎、伊拉娜和多罗勒斯·莱文以及我的挚友和妻子努里尔达·纳尔利巴耶娃，是她们为我提供无条件的支持并且理解我不时的缺席、沉默和疏忽。

附录

附录 A

2013 年 8 月 30 日，阿图尔·卡帕迪亚向 Envia 团队发出如下电子邮件：

亲爱的 Envia 团队：

非常感谢各位在过去三年里为 Envia 所做出的一切努力和牺牲。你们每个人都非常努力，也做出了巨大的牺牲。我与你们共事时十分愉快，最重要的是我从你们每个人身上都学到了许多东西。

我看到每一位员工真的非常重视工作质量，这让我十分欣慰。大家兢兢业业，乐于奉献。2011 年，通用汽车副董事长汤姆·斯蒂芬斯访问 Envia 时私下对我说，他希望通用汽车能够复制 Envia 的企业文化——Envia 之所以备受尊崇，是因为每一位员工都以自己的岗位为骄傲，都知道如果他们不全力拼搏，Envia 将会遭受挫折。这真是高度的赞誉。当然，这不是我的功劳，而应该归功于苏吉特和赫尔曼（在创业初期建立如此高的职业道德标准），也要归功于每一位团队成员。

我和 Envia 的缘分由来已久！在 Bay Partners 工作时，我（和约翰·瓦勒卡）于 2007 年成为 Envia 的第一批投资人，2009 年我们为 Envia 提供了第二笔投资。2010 年，我们濒临破产，开始利用硅谷银行的债务资金，我加入了公司团队，帮助 Envia 成功完成一轮高达 1700 万美元的融资。我们与本田汽车和通用汽车的交易同样令人兴奋。然而，你们一定和我一样认为，我们将 NMC：LMO（锰酸锂）和我们自主研发的层状富锂阴极对照，与 LG 争夺通用汽车的项目极其有趣。

一些公司会孕育出这种神奇而独特的员工。随着时间的推移，有几位年轻（比我更年轻的）员工通过自主创业、赴名校攻读 MBA 或者到大公司担任重量级高管而获得成功。我确信，未来若干年后，我一定会听到你们当中许多人的好消息。

你们每个人都将迎来光明的前景。只要你们坚持道德和智慧的简化，没有什么可以阻碍你们实现自己的梦想。与那些严格要求你的人为伴，同时秉承崇高的道德标准。

你们当中一些人问过我——究竟出了什么事？最简单的解释是，如果你的个性很强，那么总会提出异议。有时，异议可以调和，有时不能调和。此外，四个月前，我和一位朋友联合创办了一家新公司，最近成功融到一笔资金。我的联合创始人看到我把所有时间都用于为 Envia 出谋划策后有点嫉妒。加上其他一些因素，我已于 8 月 4 日以及昨天先后两次向董事会递交了辞呈。今天，董事会欣然接受了我的辞呈。

2010 年，公司遭遇财务危机时我是一位合适的首席执行官，同样，我们的新任首席执行官普内什·西格鲍尔现在也绝对是一位合适的首席执行官。他拥有博士学位，在特种材料领域具有丰富的经验。虽然我和普内什有过几次争议，但我非常欣赏他在特种材料领域的见解。两年前，普内什向我提出一些保守的建议：确保商业团队放慢运营节奏，与 Envia 在技术发展周期的阶段保持基本一致。当时，我没有采纳他的建议。但是，我渐渐意识到普内什说得对。普内什为人平和谨慎，做事有条不紊——这些特征对于管理一家研究型企业至关重要。各位一定要珍惜这位新领导。

最后，我今天收到几条信息，说我没有在公司会议上致辞。普内什好意邀请我留下来。但是，我的人生信念是往前看，而不是往后看。至于各位同事，现在是时候不断提升自我，凝聚团队力量，开创前进之路了——所以，预祝你们一切顺利！

祝好！

阿图尔

附录 B

卡帕迪亚放弃诉讼后，Envia 发布了如下声明：

Envia 系统公司对于阿图尔·卡帕迪亚及其他两位前任员工放弃此前提起的诉讼感到欣慰。Envia 正在考虑调查他们是否确实提起过这个缺乏事实根据的诉讼。本公司通过自身的调查和其他数据证实这起诉讼毫无意义，同时原告及其律师也已经表示基本同意——他们在提起诉讼不到两个月后即放弃诉讼。但原告仍需配合按照 Envia 的请求于 12 月份颁发的一项初步禁令。该禁令要求原告归还公司的机密财产和数据。Envia 将继续向前发展，专注于为汽车制造和消费电子市场开发突破性的锂离子电池阴极和阳极材料。